肉兔快速饲养与疾病防治

第二版

李美玉　朱香萍　杨风光　潘庆杰　编著

中国农业出版社

第一版编著者

朱香萍　杨风光
潘庆杰　张再生　编

第二版前言

我国是世界养兔大国，肉兔饲养有着悠久的历史和广泛的群众基础。肉兔饲养投入少、效益高，已成为农民脱贫致富的好帮手。

近年来，随着世界“节粮型”畜牧业的发展和人们对畜产品的需求，肉兔养殖业以较快的速度发展，使我国肉兔生产发生了很大的变化，肉兔养殖业呈现出一些新的特点和趋势。

目前，我国肉兔养殖业中，尽管有许多大中型养兔场不断涌现，但仍以农户分散饲养为主，饲养管理条件较为粗放，养殖技术较为落后，这在一定程度上制约了我国肉兔养殖业的发展。要促进肉兔生产健康、快捷地发展，保证高产、优质、高效、绿色、健康、环保，必须有正确的理论和先进的技术作指导，大力推广普及科学养兔技术，以科技求发展，以质量求生存，保证肉兔生产健康、持续地发展。

针对当前生产中存在的问题以及肉兔生产发展的趋势，本书在第一版的基础上进行了部分改动。首先，增加了部分肉兔配套系品种、肉兔的同期发情技术、人工催情技术、定时分娩技术、肉兔的食粪行为特点、部分药物的使用等。其次，将国家禁止使用的兽药予以删除，并对原版全文存在的不足之处进行了修改，力求使本书内容丰富，语言通俗，更加科学、先进和实用，为肉兔生产者提供有效的帮助。

编　者

2011年5月

目　录

第一章 肉兔的品种

肉兔品种的优劣，直接关系到养兔业生产水平的高低和经济效益的好坏。一个好的品种在不增加或少增加投资的情况下，可以产出更多更好的产品。所以，世界上许多国家都把“良种化”作为发展畜牧生产，提高经济效益的首要措施。

了解肉兔品种的有关知识，有利于引种及进行合理的饲养管理和经营管理，以便达到少投入、多产出的生产目的。

肉兔的品种、品系较多，其性能表现各不相同，现仅就当前我国饲养较多的主要品种介绍如下。

一、肉用兔

（一）中国白兔

又名中国本兔或中国菜兔。是我国古老的地方品种，分布于全国各地，被毛白色居多，间或有黑色、麻色、灰色和咖啡色等。

主要特征：体型小，结构紧凑，头型清秀，耳小而直立，嘴较尖，四肢健壮。被毛为纯白色的眼为红色，杂色的眼为黑褐色。成年兔体重2～2.5千克。

优点：性成熟早，繁殖性能强。一般3～4月龄可参加繁殖，年产5～6胎，每胎产仔6～8只，最多可达15只以上。对频密繁殖忍耐力强，可以年产7胎以上。中国白兔还具有耐粗饲、适应性强、抗病力强、肉质鲜嫩等优点。

缺点：体型小，生长速度慢，产肉性能低，饲料报酬低，皮张小。

（二）比利时兔

是英国用原产于比利时的野生穴兔改良而成，是一个比较古老的大型肉用品种。

主要特征：外貌酷似野兔，被毛深红带褐色，整根毛的两端色深，中间色浅；头似“马头”，颊部突出，额宽圆，鼻梁隆起，颈粗短，眼黑色，耳较长，耳尖有光亮的黑色毛边；尾内侧黑色，体躯较长，后躯较高，四肢粗大，胸腹紧凑，被毛质地坚韧，紧贴体表，腿长，体躯离地较高，被誉为兔中的“竞走马”。成年兔体重5.5～6千克，最重可达9千克。

优点：骨较细，肌肉丰满，肉质细嫩，生长发育较快，40天断奶体重1.2千克，3月龄体重2.8～3.2千克。繁殖性能好，年产仔4～5胎，每胎平均产仔7～8只，母兔泌乳力高。适应性强，耐粗饲，净肉率高。

缺点：夏季不孕期较长，仔兔断奶成活率不如加利福尼亚兔。笼养时，易患脚皮炎和疥螨。

（三）新西兰白兔

原产于美国，是当代著名的中型肉用品种，是新西兰兔的一个变种。

主要特征：体型中等，头圆额宽，耳小直立，腰肋肌肉丰满，后躯发达，臀圆，四肢强壮有力，被毛纯白，红眼，成年兔体重4～5千克。

优点：繁殖力强，平均胎产7～8只。早期生长发育快，2月龄体重1.5～2千克，成年母兔体重4～5千克，公兔体重4～4.5千克。产肉率高，肉质细嫩，屠宰率达52%～55%。性情温驯，易管理。

缺点：被毛品质较差。耐粗饲性差，对营养和饲养管理要求较高，在中等偏下的营养水平下，早期增重快的优势不能发挥，春、夏季成活率低。

（四）加利福尼亚兔

原产于美国，属中型肉用品种，是现代主要肉用品种之一。

主要特征：体躯被毛白色，两耳、鼻端、四爪及尾部为黑色，故俗称“八点黑”（但仔兔被毛为全白色，要到第一次换毛后才出现“八点黑”）。兔眼红色，体型中等，耳小，胸部、肩部和后躯发育良好，肌肉丰满。成年兔体重 3.5～4.5 千克。

优点：早期生长快，2 月龄体重 1.8～2 千克，成年母兔体重 3.5～4.5 千克，公兔体重 3.5～4 千克。屠宰率 52%～54%，肉质鲜嫩。繁殖力高，泌乳性能好，母性强，仔兔成活率高。遗传性稳定。

缺点：早期生长速度稍低于新西兰白兔，断奶前后对饲养管理条件要求较高。

（五）公羊兔

又名垂耳兔。据说，公羊兔最早出现于北非，后输入法国、比利时、荷兰、英国和德国。由于各国选育方式不同，目前可分为法系、英系和德系三种类型。其中法系和德系在体型上较为接近。英系公羊兔耳长 36 厘米，最长可达 70 厘米，耳宽 20 厘米。我国 1975 年引入法系公羊兔，体重达 5～8 千克，属于大型肉用品种。

主要特征：耳大下垂，毛色多为黄褐色。

优点：生长发育快，抗病力强，耐粗饲，性情温驯，易管理。

缺点：皮松骨大，出肉少，过于迟钝，受胎率低，哺育能力不强，纯繁效果差，易患脚皮炎。

（六）哈尔滨大白兔

系由中国农业科学院哈尔滨兽医研究所从 1976 年开始，用哈尔滨当地白兔和上海当地白兔做母本，先后与比利时兔、德国花巨兔杂交选育，于 1986 年 5 月通过鉴定。属于大型肉用品种。

主要特征：体型较大，头部大小适中，耳大直立，眼大有神，肌肉丰满，被毛纯白而有光泽，结构匀称，体质结实，成年兔体重 6～6.5 千克。

优点：繁殖力高，年产 5～6 胎，胎均产仔 10.5 只，生长发育快，早期生长发育最高峰在 70 日龄，平均日增重 35.61 克，70 日龄以后，生长发育强度逐渐减弱，10 月龄以后几乎停止生长；产肉性能好，90 日龄屠宰率为 53.3%。

（七）布列塔尼亚兔

产地法国，系由法国养兔专家贝蒂采用杂交育成方式，培育而成的中型肉用品种，1996 年引入我国。

主要特征：毛色为纯白色，红眼。成年兔体重 4.5～5 千克。

优点：早期增长快，75 日龄体重可达 2.5 千克，体质健壮，后躯发达。繁殖力高，哺育性能好，耐粗饲，适应性和抗病力强。

缺点：生产中，由于人们不重视选育，营养跟不上时，表现生长速度慢，体形变小。

（八）伊拉肉兔配套系

伊拉肉兔配套系是法国欧洲兔业公司用 9 个原始品种经不同杂交组合和选育试验，于 20 世纪 70 年代末培育而成。该配套系由 A、B、C、D 4 个品系组成，各系独具特点。其配套模式为：A 品系公兔与 B 品系母兔杂交产生父母代公兔，C 品系公兔与 D 品系母兔杂交产生父母代母兔，父母代公、母兔杂交产生商品代兔。在配套生产中，杂交优势明显。

主要特征：

A 品系：被毛白色，耳、鼻、四肢下端和尾部为黑色。成年公兔平均体重 5 千克，母兔 4.7 千克，日增重 50 克。胎均产仔 8.35 只，配种受胎率为 76%，断奶成活率为 89.69%，饲料转化率为 3∶1。

B品系：被毛白色，耳、鼻、四肢下端和尾部为黑色。成年公兔平均体重 4.9 千克，母兔 4.3 千克，日增重 50 克。胎均产仔 9.05 只，配种受胎率为 80%，断奶成活率为 89.04%，饲料转化率为 2.8∶1。

C品系：全身被毛白色。成年公兔平均体重 4.5 千克，母兔 4.3 千克。胎均产仔 8.99 只，配种受胎率为 87%，断奶成活率为 88.07%。

D品系：全身被毛白色。成年公兔平均体重 4.6 千克，母兔 4.5 千克。胎均产仔 9.33 只，配种受胎率为 81%，断奶成活率为 91.92%。

商品代兔被毛白色，耳、鼻、四肢下端和尾部呈浅黑色。28 日龄断奶重 680 克，75 日龄体重达 2.5 千克，平均日增重 43 克。饲料报酬为 2.7～2.9∶1，屠宰率为 58%～60%。肉质鲜嫩。

优点：在配套生产中，由于杂交优势的充分利用，使其具有遗传性能稳定、生产发育快、饲料转化率高、抗病力强、产仔率高、出肉率高及肉质鲜嫩。

缺点：无明显缺点。

（九）伊普吕肉兔配套系

伊普吕配套系是法国克里莫股份有限公司运用先进的育种理论，经过 20 多年精心培育而成的，是目前国际上最优良的肉兔配套系之一。该配套系是多品种（品系）杂交配套模式，共有 8 个专门化品系。在 1997 年的世界家兔育种会上，该品种被评为“最佳优良品种”，随后在世界各地广为推广。

主要特点：伊普吕肉兔形象典雅优美，成年体重平均可达 6 千克以上。该兔具有四大特点：一是繁殖能力强，年均产仔 8.7 胎，平均每胎产仔 9.2 只，仔兔成活率 95%；二是生长速度快，11 周龄重 3 千克；三是肉质鲜嫩，屠宰率 57.5%～60%；四是抗病能力强，适应性强，易饲养。

我国山东省菏泽市颐中集团科技养殖基地于1998年9月从法国克里莫股份有限公司引进4个系的祖代种兔2 000只，包括3个父系，1个母系，分别为作父系的巨型系、标准系和黑眼睛系以及作母系的标准系。

父系之一巨型系，表型白色，性成熟期22周龄，胎均产活仔8～8.2只，77日龄体重3千克，屠宰率59%～60%。

父系之二标准系，表型白色，八点黑，性成熟期20周，胎均产活仔7.6～7.8只，70日龄体重2.65～2.75千克，屠宰率58%～59%。

父系之三黑眼睛系，表型蓝灰色，黑眼睛，性成熟期20周龄，胎均产活仔7～7.5只，70日龄体重2.35～2.45千克，屠宰率57.5%～58.5%。

母系标准系，表型白色，八点黑，育种周龄17周，胎均产活仔9.8～10.5只，70日龄活重2.1～2.2千克。

优点：该兔在我国适应性良好，经过几年的饲养观察，在3个父系中，以巨型系表现最好，一般农户饲养，年可繁殖8胎，胎均产仔8.7只，商品兔11周龄体重达2.75千克。

缺点：该肉兔配套系涉及的品系较多，配套复杂，生产中操作起来难度较大。此外，不同品系在毛色和体型方面有一些相似之处，普通养殖者不易分辨，生产中存在血统混杂，杂交乱配现象。建议国内养兔者引种时，仅选择其一个父系与母系配套，其中以巨型系或标准系为佳，亦可选择单系饲养，避免系数过多造成配套混乱。

（十）齐卡肉兔配套系

齐卡肉兔配套系是德国家兔育种专家用了10年的时间，于20世纪80年代初培育而成，是当今世界著名的专门化肉兔配套系之一。我国四川省畜牧兽医研究所于1986年首次从德国引进该配套系。

齐卡肉兔配套系由大、中、小三个品系构成，分别为齐卡巨型白兔（G），齐卡大型新西兰兔（N），齐卡白兔（Z）。其配套模式为G系公兔与N系中产肉性能特别优异的母兔杂交产生父母代公兔，Z系公兔与N系中母性较好的母兔杂交产生父母代母兔，父母代公母兔交配生产商品代兔。

主要特征：

齐卡巨型白兔（G）：为德国巨型兔，属大型品种。全身被毛浓密，纯白色，红眼，耳大直立，3月龄耳长15厘米，耳宽8厘米，头粗壮，体躯大而丰满，背腰平直。初生重70～80克，35日龄断奶重1 000克，90日龄重2.7～3.4千克，日增重35～40克，成年兔体重6～7千克，料肉比为3.2∶1。年产3～4胎，胎均产仔6～10只。该兔适应性较好，耐粗饲。但繁殖力较低。性成熟晚，夏季不孕持续期较长。

齐卡大型新西兰兔（N）：为德国新西兰白兔，属中型品种，分为两种类型，一种是产肉性能（日增重）比较突出，另一种是繁殖性能及母性方面比较突出。全身被毛洁白，红眼，耳短而宽厚，头型粗壮，体躯丰满，背腰平直，臀圆，呈典型的肉用体形。初生重60克左右，35日龄断奶重700～800克，90日龄重2.3～2.6千克，日增重30克以上，成年兔体重5千克左右。年产5～6胎，胎均产仔7～8只。

齐卡白兔（Z）：是由10多个品种组合的合成系，属小型品种。被毛纯白，红眼，两耳薄，头清秀，体躯紧凑。90日龄体重2.1～2.4千克，日增重26克以上，成年体重3.5～4千克。母兔繁殖力高，胎均产仔8～10只，年产仔50～60只，哺乳性能好，仔兔成活率高。适应性好，耐粗饲，抗病力强。

齐卡商品兔：齐卡三系配套生产的商品兔，全身被毛白色，在德国封闭式兔舍自动采食条件下，84日龄平均活重3千克，饲料报酬为3∶1。胎均产仔8.2只。在我国开放式兔舍限食条件下，90 日龄活重 2.5～2.7 千克，饲料报酬为 3～3.3∶1，胎均产仔 8.1 只。

优点：增重快，耐粗饲。

缺点：个别品系繁殖力较低。

（十一）艾哥肉兔配套系

艾哥肉兔配套系是法国艾哥公司培育的肉兔配套系。该配套系由 4 个品系组成，即 GP111 系、GP121 系、GP172 系和 GP122 系。其配套杂交模式为：GP111 系公兔与 GP121 系母兔杂交产生父母代公兔（P231），GP172 系公兔与 GP122 系母兔杂交产生父母代母兔（P292），父母代公母兔交配得到商品代兔（PF320）。

GP111 系兔：毛色为白化型或有色，性成熟期 26～28 周龄。70 日龄体重 2.5～2.7 千克，成年体重 5.8 千克以上，28～70 日龄饲料报酬为 2.8∶1。

GP121 系兔：毛色为白化型或有色，性成熟期平均 121 日龄。70 日龄体重 2.5～2.7 千克，成年体重 5 千克以上，28～70 日龄饲料报酬为 3∶1，母兔平均年产仔兔 40 只以上。

GP172 系兔：毛色为白化型，性成熟期 22～24 周龄，成年体重 3.8～4.2 千克，公兔性欲旺盛，配种能力强。

GP122 系兔：毛色为白化型，性成熟期 117 日龄，成年体重 4.2～4.4 千克，母兔繁殖能力强，年产仔兔 50～60 只。

父母代公兔（P231）：毛色为白色或有色，性成熟期 26～28 周龄，成年体重 5.5 千克以上，28～70 日龄日增重 42 克，饲料报酬为 2.8∶1。

父母代母兔（P292）：毛色白化型，性成熟期 117 日龄，成年体重 4～4.2 千克，胎产活仔 9.3～9.5 只。

商品代兔（PF320）：35 日龄断奶重 900～980 克，70 日龄体重 2.4～2.5 千克，饲料报酬为 2.8～2.9∶1。

二、皮肉兼用兔

（一）青紫蓝兔

原产于法国，系利用蓝色贝韦伦兔、嘎伦兔和喜马拉雅兔杂交选育而成，是优良的皮肉兼用兔。

主要特征：被毛蓝灰色，每根毛纤维自基部向上分为5段颜色：深灰色—乳白色—珠灰色—雪白色—黑色，在微风吹动下，其被毛呈现漩涡，轮转遍体，甚为美观。耳尖及尾部黑色，眼圈、尾底及腹部白色，腹毛基部淡灰色。由于其毛色特殊，酷似南美洲产的毛丝鼠（chinchilla），故据此读音取名为青紫蓝兔。

青紫蓝兔外貌匀称，整个被毛是茶褐色或麻蓝色，头适中，嘴钝圆，耳中等，直立而稍向两侧倾斜，体质健壮，四肢粗大，可分为三种类型：

1. 标准型　体型较小，结实紧凑，耳短竖立，面圆，成年母兔体重2.7～3.6千克，公兔体重2.5～3.4千克。

2. 美国型　体长中等，腰臀丰满，成年母兔体重4.5～5.4千克，公兔体重4.1～5千克。

3. 巨型　系与弗朗德巨兔杂交选育而成。体大，肌肉丰满，耳较长，有的一耳竖立，一耳垂下，均有肉髯，成年兔体重5.4～7.4千克。

优点：巨型兔生长迅速，3～4月龄体重约2千克，耐粗饲，适应性强，皮板厚实，毛色华丽，繁殖力、泌乳力好。

缺点：引入我国的青紫蓝兔多为标准型和美国型以及它们的混血种，就肉用性能来说，其生长速度较其他肉用品种低。

（二）德国花巨兔

原产于德国，为著名的大型皮肉兼用品种。

主要特征：被毛白底黑花，鼻、嘴、眼圈及耳毛黑色，从颈部沿背脊至尾根有一锯齿状黑色带，躯体两侧有若干对称、大小不等的蝶状黑斑，甚为美观，故有“熊猫兔”的誉称，成年兔体重 6 千克。

优点：体型大，早期生长发育快，仔兔初生重平均 75 克，40 天断奶重 1.1～1.25 千克，90 天体重 2.5～2.7 千克；繁殖力强，胎均产仔 11～12 只，最多可达 18 只。

缺点：该品种毛色遗传不够稳定，纯繁时有黑色和蓝色个体出现；对饲养管理要求较高；泌乳性能差，育仔能力弱，仔兔成活率低；活泼好动，富于神经质，断奶应激反应明显。

（三）塞北兔

系由张家口农业专科学校利用公羊兔与弗朗德巨兔，采用二元轮回杂交，定向选育而成。属于大型肉皮兼用品种。

主要特征：体型呈长方形，被毛以黄褐色为主，其次为纯白色，头大小适中，嘴方正，鼻梁有一黑线，耳宽大，一耳直立，一耳下垂，颈部粗短，有肉髯，肩宽阔，胸宽深，背平直，后躯宽而肌肉丰满，四肢较粗短、健壮。成年兔平均体重 5～6.5 千克，重的可达 8 千克。

优点：生长早期增重快，平均日增重 31.5 克；繁殖力强，生后 4～5 月龄性成熟，6～8 月龄开始配种，每年可繁殖4～6 胎，胎均产仔 7～8 只；抗病力强，尤其对多杀性巴氏杆菌抵抗力强；适应性强，性情温驯，易管理。

缺点：毛色、体形不一致。

（四）日本大耳兔

属于中型皮肉兼用品种。原产于日本，通过中国白兔和日本兔杂交选育而成。

主要特征：被毛纯白，两耳大而直立，耳根细，耳端尖，形同柳叶，眼为红色，母兔颌下有肉髯。成年兔体重为 4～5 千克。

优点：体型较大，生长发育较快，2 月龄平均体重 1.4 千克，4 月龄体重达 3 千克；繁殖力较强，年产 4～5 胎，胎均产仔 8～10 只，母兔泌乳量大，母性好；体格强健，较耐粗饲，耐寒，适应性强；皮板面积大，质地良好，肉质较佳。

缺点：骨架较大，胴体欠丰满，净肉率较低。

（五）喜马拉雅兔

主要产地是中国，是一个广泛饲养的优良皮肉兼用品种。

主要特征：被毛白色，毛绒短密柔软，耳、鼻、四肢下部及尾巴为纯黑色，眼淡红色，体型紧凑。成年兔体重 2.7～3.1 千克。

优点：体质健壮，耐粗饲，抗病力强；繁殖力高，胎均产仔 8～12 只；遗传性稳定，是个良好的育种品种。

缺点：体形大小不一致，生长速度较慢。

第二章 肉兔的生物学特性

一、肉兔的生活行为特点

（一）生活习性

肉兔起源于野生穴兔，在人类驯化过程中，虽改变了其原有的许多习性，但也保留了它原有的许多生活习性。

1. 昼伏夜行 野生穴兔祖祖代代生活在大自然的深山丛林，打洞穴居，由于体小力弱，白天为躲避鹰、狼、狐等猛禽猛兽的袭击而静伏洞中，夜深人静时外出采食。在长期的自然选择下，这种特性在传宗接代中得到加强和巩固。

肉兔在人工饲养条件下，白天常静卧于笼中，闭目养神，夜间十分活跃，频繁采食和饮水。据测定，肉兔在夜间的采食量和饮水量大约相当于一昼夜的70%左右。根据家兔的这一习性，合理安排饲喂制度，白天尽量不妨碍家兔的休息，每天最后一次喂料时间迟些，数量多些，并备足饮水。

2. 胆小怕惊 兔胆小，对外界环境的变化非常敏感，遇有异常响声，或竖耳静听，或发生“惊场”现象。受惊吓的妊娠母兔易发生流产；正在分娩的母兔受惊吓会咬死或吃掉初生仔兔；哺乳母兔会拒绝哺乳；正在采食的兔会停止采食。因此，要想养好兔，应注意保持兔舍的环境安静。

3. 喜干燥、爱清洁 肉兔喜欢干燥、清洁的环境。因为肉兔对疾病的抵抗能力较差，对各种病原微生物易感，保持自身清洁、干燥，可防止疾病的侵袭。因此，在日常管理中，应为肉兔创造清洁而干燥的生活环境，食槽、饮水盆必须保持清洁卫生。

4. 耐寒怕热　肉兔缺乏汗腺，很难通过出汗来调节体温，且被毛浓密，使体表热能不容易散发。因此，兔对湿热的环境很不适应，当外界气温超过 25℃时，食欲下降，抗病力降低。长期的高温高湿环境，有利于寄生虫和病原菌繁殖，再加上兔生活不适应，从而使兔易发生各种疾病，常引起死亡。兔被毛浓密，使其具有较强的抗寒能力，但在寒冷的冬季，仍应注意保温，同时应注意提高日粮营养水平，一般应在原正常营养水平的基础上提高 15%，禁用冰冻的饲料和饮用水喂兔。

5. 穴居特性　兔会打洞穴居，在建造兔舍和选择饲养方式时，要考虑到兔的这一习性。

6. 群居性差　兔群居性差，同性好斗。群养时，常发生争斗、撕咬。因此，种公兔和妊娠、哺乳母兔宜单笼饲养；商品兔如要群养也应合理分群，3 月龄以上的兔应根据体型大小、强弱和性别不同进行分群饲养。群不宜过大，每群 3～5 只或 7～8 只即可。新组群时应特别注意这一习性，避免造成不必要的损失。

7. 啮齿行为　兔的牙齿是双门齿型，第一对门齿为恒齿，出生时就有，终身不换且不断生长。门齿发达而锐利，必须通过啃咬硬物本能地将它磨平，使上下颌齿面吻合。兔的这一习性常常造成笼具或其他设备的损坏。在建造笼舍和选用饮食具时，应注意器皿的坚固性和耐用性。饲喂手拌料时，可在笼内投入一些短树棍或硬秸秆类；喂颗粒料时，应注意颗粒料的硬度，长度不宜过长，以 1～1.2 厘米为宜。

8. 嗅觉灵敏　兔的嗅觉很灵敏，常用嗅觉辨认异性和栖息场所，母兔通过嗅觉来识别亲生仔兔。因此，在仔兔需要并窝或寄养时，应注意采取相应的措施，使其辨别不清，避免不必要的损失。如可在寄养的仔兔身上抹些其亲生仔兔的粪尿等。

（二）行为特点

动物行为学是研究动物与环境的关系，以及群体内个体之间相互关系的一门新兴的边缘科学。随着我国养兔业的迅猛发展，其集约化、半集约化养殖模式日趋普及，这就要求在理论上和实践上解决由于密集饲养而带来的行为学和生态学方面的问题。目前，家兔行为学在国内外尚缺乏系统研究，本书根据近年来的研究情况，并参考国内外有关文献资料，初步阐述与养兔生产密切相关的肉兔领域行为和摄食行为，以便为养兔生产提供依据。

1. 摄食行为 肉兔的摄食行为是肉兔赖以生存的基本条件，主要包括采食、饮水、吸吮、食粪等行为。

（1）采食行为 肉兔具有啮齿行为，不采食时，常啃咬兔笼、产仔箱以及食槽等有棱硬物，尤以喂料前表现最强烈。肉兔食草时，是一根一根从草架内拉出，先吃叶后吃茎及根部。肉兔有扒槽习性，常用前肢将饲草或饲料扒出草架或食槽，有的甚至将食槽掀翻。肉兔对料型、质地等有明显的选择性，喜食有甜味的和多叶鲜嫩的青饲料，喜颗粒料而不喜粉料。

（2）哺乳行为 仔兔的吸吮行为是一种特殊的采食行为，仔兔出生后便开始寻找乳头吮乳，12 日龄以内的仔兔除了吃奶就是睡觉，哺乳时母兔跳入窝内并将仔兔拱醒，仔兔醒来即寻找乳头，吸吮时多呈仰卧姿势，并发出“啧啧”响声，后肢还不停地移动，以寻找适当的支点便于吸吮。仔兔吃奶时没有固定的奶头，而是一个奶头吸几口再换一个，常将奶头衔得很紧，若母奶不足，常发生“吊奶”现象（即母兔将仔兔带到窝外）。4 日龄以内的仔兔吃饱时，皮肤红润，腹部绷紧，隔着肚皮可见充盈的乳汁。

母兔一般每天哺乳一次，时间多在 0：00 点至 6：00，每次哺乳持续时间约 1.5～2 分钟，时间一过即停止喂奶。仔兔 12 日龄左右睁眼，生长加快，对奶的需要量增加，常在非哺乳时追逐母兔，但母兔仍每天哺乳一次。

(3) 饮水行为 水对饲料的消化、可消化物质的吸收、代谢产物的排泄及体温的调节过程起重要作用。肉兔通过饮水、采食青绿多汁饲料和代谢水三条途径来补充水分的散失。肉兔通常在采食干饲料后饮水，夜间饮水量约为全天的60%以上。长期饮水不足，则采食量下降，生长缓慢或停滞，哺乳母兔则影响泌乳。

(4) 食粪行为 通常家兔能排出两种粪便，一种是白天排出的粒状硬粪，量大、较干，表面粗糙，依饲草种类不同而呈现深、浅不同的褐色，占总排粪量的80%～90%。另一种是晚间排出的团状软粪，呈念珠状，有时达40粒，量少、质地软，表面细腻，如涂油状，常呈黑色，占总排粪量的10%～20%，成年家兔每天排软粪50克左右。

家兔食粪，吃掉的是夜间排出的软粪。通常软粪一排出，就被家兔嘴对着肛门全部直接吃掉。家兔的食粪行为是随着它采食植物性饲料后逐步形成的。

与其他动物的食粪癖不同，家兔的食粪行为不是病理的，而是正常的生理现象，对家兔本身有益。软粪干物质中含有大量的粗蛋白和B族维生素，通过食粪可以补充维生素、粗蛋白，还可以将未消化吸收的营养物质再次通过消化道，提高饲料的消化吸收率。

正常情况下，很少看到兔笼里有软粪的残留。只有下列情况时才出现异常，如家兔生病时停止食粪；无菌兔和摘除盲肠的兔没有食粪行为；营养过剩时，笼底可见到软粪。

二、肉兔的消化特点

(一) 消化特点

肉兔属于单胃草食动物，其消化系统包括消化管道和消化腺两大部分。消化管道是一根长管，其结构：口—口腔—咽—食管—胃—小肠（十二指肠、空肠、回肠）—大肠（盲肠、结肠、直肠）—肛门。消化腺包括唾液腺、肝脏、胰脏胃腺及肠腺，消化腺是有管腺，分别由导管把腺体分泌的消化液输送到消化道相应的部位。肉兔的消化系统和其他草食动物相比，有其特殊的方面，主要表现在以下几个方面。

1. 消化系统的解剖特点

（1）口腔的特殊结构　肉兔上唇的正中央有一纵裂，形成豁唇，呈三瓣形，使门齿裸露，便于采集地面上比较矮小的植物和啃咬树枝、树皮和树叶。成年兔的牙齿和一般草食家畜有其共性：具有发达的门齿，便于切断饲料；臼齿咀嚼面宽阔具有横肌，适宜研磨草料；门齿与臼齿间具较宽的齿间隙，没有犬齿。其独特之处在于上颌有两对门齿，形成特殊的双门齿型，有别于啮齿动物的单门齿型，但它的大门齿又属恒齿，故又有鼠类的啮齿行为。

（2）极为发达的盲肠　兔的小肠和大肠的总长度为体长的10倍，盲肠极为发达，在所有单胃草食动物中兔的盲肠比例最大。盲肠酷似一个天然的发酵袋，其中繁殖着大量的微生物和原虫，起着反刍动物瘤胃的作用。3月龄以内的幼兔，消化道在发生炎症时，具有可通透性，消化道内的有害物质容易被吸收，因而幼兔易患肠炎，且症状比成兔严重，病死率较高，在饲养管理中，要注意肠炎的发生。

（3）异常的“圆小囊”　在回肠和盲肠连接处的膨大部位有一厚壁圆囊称为圆小囊，具有发达的肌肉组织，与盲肠相通。它的主要功能是分泌碱性液体（pH8.1～9.4），中和盲肠中因微生物发酵而产生过量的有机酸，维持盲肠中适宜的酸碱度，创造微生物适宜的生存环境，保证盲肠消化粗纤维过程的正常进行；由于囊壁较厚，具有压榨作用，有助于粗纤维的消化；此外，圆小囊是一个淋巴球囊，具有防护作用；还具有吸收消化终端产物的作用。

2. 消化生理效应

（1）能够有效利用低质高纤维饲料　肉兔依靠盲肠中的微生物和淋巴球囊的协同作用，使其对粗纤维有较高的消化率。家兔借助盲肠微生物和饲料迅速通过消化道的特点，迅速排除难以消化的粗纤维，而非纤维部分迅速被消化吸收。因此，家兔有很强的利用低质高纤维饲料的能力。

（2）能充分利用粗饲料中的蛋白质　家兔能有效地利用饲草中的蛋白质，甚至对低质饲草中的蛋白质也有较强的利用能力。研究发现，兔盲肠蛋白酶活性远远高于牛瘤胃，兔盲肠和其中的微生物都产生蛋白酶，而牛瘤胃蛋白酶仅来自微生物。有人用全株玉米制成颗粒料做试验，家兔对粗蛋白质的消化率为80.2%，马为53%。

（3）盲肠营养物　肉兔摄入的饲料由胃进入小肠，不易被消化吸收的物质进入盲肠，受到盲肠内微生物的作用，被分解的物质，经肠壁被吸收，其余内容物排入结肠。家兔近侧结肠具有双重功能：盲肠内容物早晨进入结肠时，结肠壁分泌一种黏液并通过肠壁收缩，把内容物逐渐包住，形成球状物，并聚集成串，即所谓“盲肠内容物”或称为软粪。由于结肠的连续收缩并交替变换着方向，含有小颗粒的液体部分大都被挤入盲肠，而含大颗粒的坚硬部分则形成硬粪粒排出体外。结肠利用其特殊的双重功能，制成两种性质不同的软粪粒和硬粪粒。两者成分见表2-1。

（4）粗纤维对家兔必不可少　兔对粗纤维的消化主要在盲肠中进行。研究发现，兔盲肠纤维分解酶的活性比牛瘤胃纤维分解酶活性低得多，从而导致兔对粗纤维的消化率较低。尽管如此，粗纤维在兔的日粮中必须占有一定的比例，以保持消化物的稠度，有助于形成硬粪，并在正常的消化运转过程中起着一种物理作用。当饲料中缺乏粗纤维（$<5\%$）时，胃内容物通过消化道的时间为正常的2倍，营养物质的消化率降低，采食量下降，消化紊乱，腹泻，病死率升高；如果粗纤维含量过高，日粮中所有

成分的消化率都下降。日粮中粗纤维的适宜比例应为12%～14%。

表 2-1　兔软粪和硬粪成分比较

成　分	软　粪	硬　粪
干物质（克）	6.9	9.8
粗蛋白质（%）	37.4	18.7
纤维素（%）	27.2	46.6
粗脂肪（%）	3.5	4.3
粗灰分（%）	13.1	13.2
其他碳水化合物（%）	11.3	4.9
烟酸（微克/克）	139.1	39.7
核黄素（微克/克）	30.2	9.4
泛酸（微克/克）	51.6	8.4
维生素 B_{12}（微克/克）	2.9	0.9

（二）食性特点

1. 选择性　兔为单胃草食动物，喜欢素食，即植物性饲料，不喜欢动物性饲料如鱼粉等，若日粮中必须补充动物性饲料时，比例不宜超过5%；兔喜欢吃多叶类饲草如苜蓿、三叶草、黑麦草、麦苗等；多汁饲料中喜欢吃胡萝卜、萝卜等；在谷类饲料中，喜欢吃整粒的大麦、燕麦和稻谷等，不喜欢吃整粒的玉米；喜欢吃由各种饲料加工成的颗粒饲料，不喜欢吃粉料；兔还喜欢吃有甜味的饲料，可在其日粮中适当加入糖类和有甜味的饲料，以提高日粮的适口性。

2. 食粪性　兔能排出硬粪和软粪两种粪便，软粪中含有丰富的蛋白质和B族维生素。兔从开始吃饲料后就有食软粪的行为，常常是软粪一到肛门处就被兔直接吃掉。当营养过剩时，在笼底可见到软粪。兔一旦患病即停止食粪。

三、肉兔的体温调节特点

（一）正常体温

兔是恒温哺乳动物，正常体温为38.5～39.5℃，临界温度（即对外界温度要求的极限范围，超出该范围便不能正常生长和繁殖）为5～30℃；兔生长繁殖的适宜温度一般为15～25℃，外界温度如上升到35℃以上，若不采取降温措施，有可能发生死亡。相比较而言，兔怕热而不怕冷（初生仔兔例外），某些条件下，成年兔可以忍耐低温。

（二）调节体温的方式

兔被毛浓密，缺乏汗腺（仅在唇边有少量汗腺），体温调节机能也不完善，所以通过出汗和皮肤散热能力不如其他家畜。兔散热的主要途径是呼吸和排泄。当外界温度升高时，兔通过增加呼吸次数，以达到散热的目的，但由于兔胸腔较小，肺又不甚发达，依赖增加呼吸次数来散热是有一定限度的。因此，长期高温环境可引起兔食欲下降，消化不良，繁殖能力下降。高温时应供给充足饮水，促进排泄，加强体热的散发。

兔对环境温度变化的适应，存在着明显的年龄差异，幼兔阶段要求较高的环境温度，在较低的温度条件下则难以维持正常体温，而成年兔正相反，抗寒冷而不耐高温。

四、肉兔的生长发育特点

（一）生长发育特点

仔兔出生时全身裸露，各系统发育不完善，眼睛紧闭，耳闭塞无孔，趾间相互连结在一起，不能自由活动。3～4日龄开始长毛，30日龄左右被毛形成；4～8日龄脚趾开始分开；6～8日龄耳朵根出现小孔，与外界相通；10～12日龄眼睛睁开，出巢活动并随母兔试吃料，20日龄左右即能正式吃料。初生仔兔由于全身无毛，体温调节系统发育不完善，耐寒能力差，应注意保暖。

仔兔初生体重50克左右，哺乳期间（出生到30日龄左右）生长发育相当快，1月龄时体重相当于初生时的10倍，此期生长发育主要受母乳的影响，且与母兔体况、饲料种类和带仔的多少相关。幼兔断奶后的增重速度，受遗传因素和环境因素（饲料、管理、自然条件等）的影响较大，不同品种增重不同，一般前期生长快，后期生长慢。90日龄前增重快，以后体重增加相对缓慢。性别对增重的影响，8周龄内表现不明显，8周龄至6月龄差异显著；公兔生长速度落后于母兔生长速度，所以成年母兔体重大于公兔体重。

（二）换毛特点

由于季节、年龄、营养和疾病等原因，兔毛会发生脱落，并在原处长出新毛，这个过程称为换毛。动物的换毛是个复杂的生物学过程，换毛期毛囊的结构发生明显的变化。旧毛的毛乳头开始萎缩，血液供应停止，毛球细胞开始角化，与此同时，在旧毛的下面，发育着新的毛乳头，并形成新的毛球，随着新毛球细胞的不断增殖，形成新毛。正常的换毛应看作是肉兔对外界环境的一种适应表现。换毛可分为年龄性换毛和季节性换毛。

1. 年龄性换毛　主要发生在未成年的幼兔和青年兔。幼年期换第一次毛约在30日龄开始，100日龄结束，此时肉兔、皮肉兼用兔若能屠宰上市是最经济的，因为此时毛被成熟，毛皮品质最好，且以后增重速度减慢。育成期换第二次毛，约在130日龄开始，至190日龄结束。

2. 季节性换毛　指兔进入成年后，一年内换两次毛，即春季换毛和秋季换毛。换毛时间的早晚和换毛期的长短，受许多因素的影响，如不同地区的光照、温度、年龄、性别、健康状况及营养水平等，都会影响兔的季节性换毛。春季换毛一般在3～4

月间，换毛时间较短，换毛快，因此时光照由短日照向长日照过渡，气温则由寒冷、温暖向炎热转变，皮肤毛囊的新陈代谢旺盛，饲料中青绿饲料增多，营养水平高；秋季换毛在 9～11 月份，换毛时间长，因此时光照由长日照向短日照过渡，气温逐渐降低，饲料中粗饲料增多，营养差，新毛生长慢。所以，秋季应注意添加富含蛋白质的饲料。换毛的顺序：先由颈部的背面开始，紧接着是躯干的背面，再延伸到两体侧及臀部。唯颈部毛在夏季不断地脱换。

第三章 肉兔的繁殖特点与繁殖技术

一、肉兔的繁殖特点

繁殖后代，保证种族的延续，是肉兔最基本的生理机能之一，生殖器官是完成上述生殖机能的保证。肉兔是繁殖力很强的动物，在解剖生理上具有以下特点。

（一）生殖系统的解剖特点

1. 公兔睾丸位置的变化 睾丸是公兔生殖系统的重要组成部分，主要功能是产生精子和分泌雄性激素。从胎儿期起，一生中睾丸的位置常有变化。胎儿期和初生幼兔睾丸位于腹腔，附着于腹壁，随着年龄的增长，睾丸的位置下降，1～2 月龄下降至腹股沟管内，此时睾丸尚小，从外部不易摸出，表面也未形成阴囊。大约 2.5 月龄以上的公兔已有明显的阴囊。大约 3.5 月龄睾丸降入阴囊。由于腹股沟管短而宽，且终生不封闭，因此，成年公兔的睾丸可以自由地缩回腹腔或降入阴囊。在选种时，应注意，不要把睾丸暂时缩回腹腔而误认为隐睾，此时，只要将公兔头向上提起，用手轻拍臀部数下，或在腹股沟管处轻轻挤压，可使睾丸降下来。

2. 母兔的子宫类型 母兔的子宫属双子宫类型，即有子宫体、子宫角、子宫颈各两个，两个子宫颈都独立开口于阴道前端。兔的子宫没有明显的子宫体和子宫角之分，也不像马、牛、羊、猪等的子宫那样，两侧子宫角在子宫体处会合成一体，并由一个子宫颈开口于阴道。因此，兔不会发生受精卵可从一个子宫角向另一个子宫角移行的情况。

（二）生殖生理特点

1. 繁殖力强 不仅表现在每胎产仔多，怀孕期短，而且表现在一年多胎，母兔产后不久即可配种受孕。另外，还表现在仔兔生长发育快，性成熟早。

2. 双子宫与阴道射精 母兔的子宫是原始的双子宫型，而且阴道又相当长。而公兔的阴茎又较短，这种奇特的生殖器官结构，决定了在自然交配情况下，公兔在阴道射精，两侧子宫都受孕。但在人工输精时，若输精管插得过深，可能插入一侧子宫颈口内，导致一侧子宫受孕，另一侧不孕的现象。

3. 刺激性排卵 动物的排卵方式有自发性排卵和刺激性排卵。绝大多数哺乳动物的排卵是自发性排卵，即卵子成熟后自发排出，排卵不需要外界刺激。

母兔为刺激性排卵动物，卵子成熟后不能自动排卵，只有接受公兔交配或相互爬跨或注射外源激素后才能排卵，这是因为母兔的脑下垂体不能自发地释放出引起成熟卵泡破裂所需的促黄体生成素。一般在公兔交配刺激后10～12小时排卵。如果未经交配刺激，卵子便不能排出，成熟的卵子在雌激素和孕激素的协同作用下，经10～16天后逐渐萎缩、退化，而新的卵泡又开始发育。实践证明，母兔存在着发情不一定排卵，排卵不一定发情的现象，这种特性可以在养兔生产中加以利用，比如在不交配的情况下，通过注射人绒毛膜促性腺激素促使母兔排卵，但长期使用会使子宫壁增厚，影响繁殖，因此，多采用结扎输精管的公兔与母兔交配，以诱发母兔排卵。

4. 公兔“夏季不育” 环境温度和光照对兔的繁殖是一个潜在的因素。据测试，3月份，公兔射精量和精子密度最高，精子活力也最高；而夏季（主要是7月份）精子活力下降，密度降低，死精子和畸形精子的比例增高，性欲也减退。由于气温、光照等的影响，造成家兔生理上的一系列变化，公兔睾丸在7月份缩小60%，内分泌系统发生紊乱，性欲降低，食欲减退，消化吸收能力减弱，故有人把公兔在夏季不易繁殖的现象称为公兔“夏季不育”。

5. 母兔“假怀孕” 有的母兔在受性刺激后排卵而未受精，往往出现“假怀孕”现象，如不接受公兔交配，乳腺膨胀，衔草垫窝等，持续时间为16～17天。原因可能是不育公兔的性刺激造成的，也可能是母兔间相互追逐爬跨引起母兔排卵。假妊娠结束时配种较易受胎。

（三）繁殖行为特点

1. 性争斗行为 家兔具有同性好斗的特点，如果与性行为相联系，就显得更为突出。就公兔而言，两只公兔在以下三种情况下相遇，都会发生争斗，即：①两者都刚配过种；②其中一只刚配过种；③两者都未配过种。当它们相遇时，开始都相互嗅闻，接着将发生争斗。从相遇到发生争斗的时间和激烈的程度，以①时间最短，也最为激烈；③时间最长，但争斗不够激烈；②介于①、③之间。相遇后，如双方力量悬殊，则弱者逃，强者追；如双方力量相当，则争斗异常激烈，往往咬得头破血流，皮开肉绽。争斗时，双方都企图攻击对方的要害部位，如睾丸、阴茎，或者咬对方的头部、大腿、臀部等。斗殴激烈的还会咬住对方的毛皮，直到将毛拉下甚至吃掉，此时如将败者捉走，胜者仍会在笼中打转，怒气不消，并发出继续较量的叫声。

两只母兔相遇也会发生斗殴，但不如公兔那样激烈。将一只母兔放入另一只母兔笼时，新来者往往先嗅闻笼壁或底板，然后再互相嗅闻对方的外阴等部位。争斗时主要咬对方的头部和臀部。

2. 性行为 凡有配种能力的公兔，不论母兔是否发情，只要和母兔相遇，都有求偶的表现，只是程度不同罢了。相遇时，开始先嗅闻母兔的体侧面，再嗅闻母兔的臀部和外阴部。如果此时母兔发情且达旺期，经公兔追逐略逃数步，即蹲伏让公兔爬跨，若母兔发情不足或者未发情，则拒绝公兔爬跨，这时会出现母兔逃跑，公兔紧追或超前拦住母兔，并将头伸至母兔腹部并拱母兔的乳房等情况。如母兔蹲伏不动，公兔又会很快跑到母兔后面企图爬跨。有的母兔未发情，不仅拒绝爬跨，还会与公兔发生咬斗。

公兔和母兔在求偶过程结束后即进入交配阶段。交配时，母兔先蹲伏，当公兔爬跨时后躯稍稍抬起，表示迎合；接着公兔以两前肢紧紧抱住母兔腹侧，后躯不断移动调整成最佳姿势。当公兔阴茎插入并抽动数次，臀部不断抖动，随之猛地向前一挺，紧接着后肢蜷缩，即倒向母兔一侧，并发出“咕咕”的叫声，表示射精结束，并随即爬起离开母兔。

如果母兔配合不好或阴毛过长，影响公兔的爬跨和抽动，公兔会跳下并再度爬跨和抽动，如反复多次仍交配不上，公兔将再次搓弄母兔，拱母兔的乳房甚至推动母兔，直到达成交配才肯罢休。交配结束时，公兔在离开母兔之前用头拱一下母兔。交配顺利，公兔再三顿足，与母兔并排站着或蹲坐在一旁，舔身上毛或四肢毛，母兔同样有舔毛行为。

3. 分娩行为　母兔妊娠以后，性情温顺，行动稳重，食欲增加，采食以后即伏卧休息，腹部日渐膨大。临产母兔食欲下降，出现啃咬笼壁和拱食槽现象，如果移入产房或入产仔箱则将草拱来拱去，四肢作打洞姿势。在产前 2～3 天开始衔草做窝，并将胸部毛拉下铺在窝内，到产前 3～5 小时开始大量拉毛。拉毛或衔草时，常常抬头环顾四周，遇有响声即竖耳静听，确认无事再继续营巢。因此，母兔产前尤其需要安静的环境。

临产时，母兔静卧在窝的一侧，前肢撑起，后肢分开，弯腰弓背，不时回头盼顾，同时不断舔外阴，努责引起尾根抽动，这是即将产仔的征兆。当尾根抽动和舔外阴频率加快时，很快就产出第一只仔兔，这时母兔将仔兔连同胎衣拉到胸前，咬破胎衣，咬断脐带，并将胎衣吃掉，舔去仔兔身上的黏液，再舔外阴，后来产出的仔兔则重复上述动作。如果产仔间隔短，母兔来不及舔净每个仔兔，待全部产完再舔。产仔间隔长的，除有充分时间舔净每个已出生的仔兔，还可将外阴周围及大腿的血污舔干净，有时还吃掉带血的毛。

母兔虽系多胎动物，但分娩时间短，一般每隔 2～3 分钟产出 1 只，整个分娩过程需 20～30 分钟，个别的可达 1 小时或更长时间，也有的母兔产出一批仔兔后，间隔数小时或数十小时再产第二批仔兔。

母兔分娩后，一般都会发生口渴的现象，因此，事先应准备好清洁的温水或淡盐水、米汤等，让产后的母兔喝足水，以防母兔口渴找不到水喝而吃掉仔兔。

二、肉兔的繁殖技术

（一）配种方法和繁殖方式

1. 性成熟和初配年龄

（1）性成熟　仔兔出生后，生长发育到一定年龄，公兔睾丸能产生具有受精能力的精子，母兔卵巢能产生成熟的卵子，并能正常产生性激素，如果让公、母兔交配，能够受精妊娠和完成胚胎发育过程，则表明肉兔已达到性成熟。肉兔性成熟年龄随品种、性别、饲养管理水平、季节以及遗传等因素的不同而有差别。

①品种因素。一般小型品种性成熟要早于大型品种。小型品种性成熟年龄为 3～4 月龄；中型品种为 4～5 月龄；大型品种为 5～6 月龄。小型品种在 3 月龄出现性行为，4 月龄可产仔，但要到 6 月龄才能达到完全性成熟。公兔达到完全性成熟约在 7.5 月龄。大型品种在 7 月龄之前，很少具有繁殖力。

②性别因素。一般母兔性成熟要早于公兔，通常同品种母兔

性成熟要比公兔早1个月左右。

③营养因素。相同品种或品系，饲养条件优良，营养状况好，生长发育较快，其性成熟也较营养差的要早半个月左右。

④季节因素。一年中，气温和光照的变化对肉兔的性成熟有一定的影响。一般早春出生的仔兔，随着气温的逐渐升高，日照渐长，饲料营养丰富，性成熟比晚秋和冬季出生的仔兔要早1～2个月。

（2）初配年龄　刚达到性成熟的公、母兔，虽然能够配种繁殖，但此时身体的器官仍处于发育阶段，如果过早配种繁殖，不仅会影响其本身的生长发育，而且配种后受胎率低，产仔数少，仔兔初生体重小，成活率低。但是过晚配种，亦会降低公、母兔的终生繁殖力。在生产实践中，确定合理的初配年龄，对提高种兔繁殖力和进一步生长发育以及延长种用年限都具有重要意义。

确定肉兔的初配年龄，主要根据体重和月龄来确定。在正常饲养条件下，公、母兔体重达到该品种标准体重的70%时，即已达到体成熟，就可开始配种繁殖。一般来说，小型品种初配年龄为4～5月龄，体重2.5～3千克；中型品种5～6月龄，体重3.5～4千克；大型品种7～8月龄，体重4.5～6千克。因公兔性成熟年龄比母兔迟，因而公兔的初配年龄应比母兔迟1个月左右。

（3）肉兔的繁殖利用年限　种兔的使用年限，一般为2～3年，如果体质健壮，使用合理，配种利用年限可适当延长。但过于衰老的种兔性活动机能衰退，所产仔兔品质下降。据试验，老年亲本所产的母兔与老年公兔配种其胚胎死亡率高达38%左右，老年公兔与中、青年母兔配种受胎率低于2岁公兔的配种受胎率。

2. 肉兔的发情　母兔达到性成熟后，由于卵巢中存在着不同发育阶段的卵泡，卵泡在其发育过程中所产生的雌激素进入血液循环，作用于大脑性活动中枢，引起母兔生殖器官的变化，并产生性欲和性兴奋等一系列发情征状和表现。

(1) 发情周期　性成熟以后的母兔，每隔一定的时间即发情一次，称为发情周期或性周期。母兔为刺激性排卵动物，只有在公兔交配刺激后10～12小时才排出卵子，如果未经交配刺激便不能排卵，这些成熟的卵子在雌激素与孕激素的协同作用下经10～16天后逐渐萎缩、退化，并被周围组织所吸收，而新的卵泡又开始发育。

目前国内外对家兔的发情周期有不同的说法，一种认为母兔不存在发情的周期性，母兔卵巢上经常存在着成熟的卵泡，因此任何时间配种均可受胎；另一种认为母兔的发情存在着重复性，只要卵巢内有一批卵泡发育到成熟阶段，母兔就会出现发情征状。作者认为，母兔发情有周期性，但比其他家畜发情周期性差。据观察，对发情初期母兔连续捕捉，频繁而不熟练地检查，会使绝大多数母兔逐渐消失发情征状。相反，将发情初期母兔放在公兔笼旁，会加强发情进程，甚至发情初期母兔被公兔追逐后，阴唇黏膜颜色变得紫红，且明显充血，促进发情。这说明母兔发情易受环境影响，环境的变化与作用影响着母兔的发情周期。

一般情况下，母兔的发情周期为10～16天，发情持续期为3～5天。但因家兔为刺激性排卵动物，在实际生产中还应注意到往往母兔发情后不一定排卵，而排卵也不一定发情的现象，即使没有发情表现的母兔只要实行强迫交配，也能使母兔妊娠产仔。母兔一年四季均可发情，但以气候适宜的春、秋季较为明显，夏季和冬季性欲差，发情征状不明显，配种受胎率低。据国外报道，公兔也有一定的性周期征象，根据每天采集的精液样品，精液量、精子数和精子活力呈现为周期性波动，其周期为2～7天。

(2) 发情表现　母兔发情时主要表现为举动不安，食欲减退，走路多，顿足刨地，爬跨仔兔和同笼母兔，常以前肢扒箱，有时还有衔草做窝现象。当公兔追逐爬跨时，表现静立，抬高后躯，常作接受交配姿势。外阴部红肿、湿润，阴道黏膜呈现周期性变化，发情初期呈淡红色；发情旺期变为红色，外阴部红肿加剧；发情后期变为黑紫色，外阴部肿胀渐渐消退；进入休情期后，阴道黏膜颜色变为苍白，外阴部红肿完全消失。据观察，母兔分娩后的第一天普遍发情，2～3 天内受配率较高，3 天后受配率和受胎率下降。母兔在仔兔断奶后 2～3 天普遍发情，受配率与受胎率较高。

（3）配种适期　肉兔为刺激性排卵动物，存在着发情不一定排卵，排卵不一定发情的现象。根据实践经验，人工授精，一般在刺激排卵后 2～8 小时以内输精受胎率最高；自然交配，则在发情旺期，阴道黏膜呈红色时配种受胎率最高（表 3-1）。“粉红早，黑紫迟，大红正当时”的说法是科学的。

表 3-1　母兔阴道黏膜色泽与受胎率关系

阴道黏膜色泽	配种母兔（只）	妊娠母兔（只）	受胎率（%）
苍白色	23	11	47.8
淡红色	62	45	72.6
红色	88	67	76.1
紫黑色	26	16	61.5

3. 妊娠

（1）胚胎发育　公、母兔交配后，精子与卵子在输卵管上 1/3 处的膨大处结合而受精，精卵结合成合子，肉兔的受精时间一般是在排卵后 1～2 小时，在配种后 20～24 小时完成第一个卵裂过程。在输卵管中发育到桑葚胚阶段，受精后 72～75 小时胚胎进入子宫，呈游离状态，在受精后 7～7.5 天胚胎在子宫着床形成胎盘。此后胚胎的生长发育完全依靠胎盘吸收母体供给的养料和氧气，代谢产物亦经胎盘传递到母体而排出体外。受精卵在母兔生殖器官中发生的一系列生理变化及发育过程，称之为妊娠。

在正常排卵情况下，胚胎死亡率约占着床总数的7%，其中66%在配种后8～17天、27%在17～23天之间死亡。胚胎死亡率与母兔的营养水平有关。在妊娠前期即配种后第九天观察，高营养水平（超过正常营养水平）组的胚胎死亡率为44%，低营养水平（适宜的营养水平）组的死亡率只有18%；高营养水平组的初生活仔数平均3.8只，而低营养水平组为6只。所以妊娠的前期一定要限制饲喂，或保持空怀期营养水平，妊娠半个月后逐渐增加饲料量和日粮的营养水平，可保证正常产活仔数。妊娠的母兔生活在环境杂乱，气温过高的季节，胚胎死亡率明显增高或发生流产。

（2）妊娠检查　母兔配种后是否妊娠，通常可用复配、摸胎、称重法进行检查，但常用的是摸胎检查，这种方法操作简单，准确率高。

①摸胎法。母兔配种10～12天，胎儿约花生米大小，位于腹部两侧，隔着腹壁可以摸到。摸胎时，先将母兔放在平坦的地方，使头朝向检查者，左手抓住母兔双耳和颈部皮肤，右手使拇指与其余四指呈“八”字形，手掌向上伸向母兔两后肢中间，自前向后沿腹壁轻轻探摸。如果感觉柔软如绵，表明没有妊娠；如能摸到花生米粒大小滑动的球状物，证明已经妊娠。摸胎时要注意胎儿与粪球的区别，粪球多为扁圆形，没有弹性，表面较粗糙，在腹腔分布面积大，无一定的位置，并与直肠宿粪相接。胎儿位置则较为固定，用手轻压表面，光滑而富有弹性。摸胎时动作要轻，切忌用力捏压胎儿，以免引起流产。检查时间宜在空腹时进行。15天以后，可摸到似鸡蛋黄大小的胎儿，腹围也渐渐增加。24天以后，腹部开始膨胀，可确认妊娠。

②复配法。一般在第一次配种后5～7天，将母兔送入公兔笼中，若母兔已经妊娠，就会发出警惕性的“咕、咕”叫声，或

卧地掩盖臀部，拒绝配种。

③称重法。一般母兔在配种前称重一次，配种后15天左右复称一次，如果复称体重明显增加，表明母兔左右子宫均受孕。两次称重均应在早晨喂料前，空腹时进行。

（3）妊娠期 从受精卵发育开始至分娩的整个时期为妊娠期。肉兔的妊娠期平均为30～31天，变动范围为29～34天。不到29天者为早产，超过35天者为异常妊娠。在正常情况下，95％以上孕兔能如期产仔。延迟2～3天分娩的仔兔能正常成活和发育，而提前2～3天分娩的仔兔死亡率很高。

妊娠期长短与肉兔的品种、年龄、个体营养水平、胎儿数量和发育情况有关。通常体型大、年老、胎儿数少、营养和健康状况好的妊娠期稍长。

4. 分娩与护理 胎儿在母体内生长发育到成熟后，由母体内排出体外的生理过程，称为分娩。

（1）分娩过程 母兔的分娩征状比较明显，大多数孕兔在临产前3～5天开始衔草做窝。放养的地方品种兔，产前10天就开始做窝；良种兔中，有的产前3～5天开始衔草，也有个别的初产兔不衔草不做窝。此时，乳房开始肿胀并可挤出少量白漆样乳汁，腹部凹陷，外阴部红肿，食欲减退，临产前1～3天开始用嘴将腹部、胸部的毛拉下来铺在巢内，临产前10～12小时衔草拉毛次数增多，频繁地出入产箱。生产实践表明，母兔产前拉毛是一种正常生理现象，且与母兔的泌乳性能有着直接关系，拉毛可以刺激乳腺的发育，拉毛早则泌乳早，拉毛多则泌乳多，其护仔能力也强，产前不拉毛的兔，多为初产母兔或泌乳性能不好的母兔，对于这类兔，临产前最好进行人工辅助拉毛，用手拉下胸腹部乳房周围的一部分长毛，以刺激乳腺发育，促进泌乳。

母兔多在夜间分娩，个别育成品种在白天分娩。临产前，在激素的作用下，使子宫收缩引起阵痛，表现为精神不安，四肢刨地，弓背努责，排出胎水，此时母兔多呈蹲坐姿势，第一只仔兔多为头部先出，其后仔兔有头部先出的，亦有后肢先出的。凡头部先出者，分娩较快，但仍须经多次努责才能产出。母兔一边产仔，一边咬断脐带，同时舔净仔兔身上的血迹和黏液，一般每隔2～3分钟产出1只仔兔，产完一窝仔兔需20～30分钟。但也有个别母兔，在产完一批仔兔间隔数小时后，接着产第二批仔兔。

（2）产后护理　母兔产仔后用毛盖好仔兔，因失水较多，口渴难耐，跳出产箱，寻找饮水，如果此时喝不到水，便跳回产箱，啃食仔兔。因此，产前应准备好清洁的饮水或者麸皮汤。另外，产仔结束后，应将仔兔轻轻取出巢箱，并将窝巢重新整理，清点仔兔数目，并在吃奶前称取初生窝重，最后将仔兔放入窝中，盖好兔毛，并做好产仔日期等各种记录，作为选配参考。

5. 繁殖季节　肉兔繁殖虽无明显的季节性，一年四季均可配种繁殖。但因不同季节的温度、光照、营养状况不同，对母兔的受胎率和仔兔成活率等均有一定影响。

（1）春季　气候温和，饲料丰富，母兔发情率高，是肉兔配种繁殖的最好季节。据实践，春季肉兔的性机能表现最旺盛，公兔的射精量和精子密度最高；3～5月份母兔发情率高达80%～85%，受胎率为85%～90%，平均每窝产兔7～8只。所以，一般肉兔场应力争抓好春季配种繁殖工作。但南方各省，因春季多雨水，湿度较大，兔病多，病死率高，尤其是仔兔，一定要做好防湿、防病等工作。

（2）夏季　气候炎热，尤其是南方各省，高温多湿，肉兔食欲下降，体质瘦弱，性机能不强，配种受胎率低，产仔数少。北方比南方好些。据观察，夏季公兔性欲不强，精子活力下降，密度降低，畸形精子数增加；母兔发情率为20%～40%，受胎率为30%～40%，平均每窝产仔数3～5只，即使产仔，因哺乳母兔天热减食，泌乳量减少，仔兔瘦弱多病，成活率很低。但如果母兔体格健壮，又有遮阴防暑条件，仍可适当安排配种繁殖。

（3）秋季　气候温和，饲料丰富，公、母兔体质开始恢复，性欲逐渐旺盛，母兔受胎率高，产仔数多，是肉兔繁殖的又一个好时期。据观察，9～11月份公兔性欲旺盛，精子活力增强，密度增大；母兔发情率高达75%～80%，受胎率可达60%～65%，平均每窝产仔6～7只。但是，秋季为肉兔的换毛季节，营养消耗大，对配种繁殖的影响较大，必须加强饲养管理。同时，公兔因夏季休闲后可能出现暂时性不育，首次配种必须进行复配，人工授精，首次采集的精液最好不用。

(4) 冬季 气温较低，青绿饲料缺乏，营养水平下降，种兔体质瘦弱，配种受胎率较低，所产仔兔如无保暖设备，极易冻死。据生产实践观察，12月份至第二年2月份性欲不强，但精子活力、密度正常；母兔发情率为60%～70%，配种受胎率为50%～60%，平均每窝产仔数为6～7只。因此在冬季如有较多青绿饲料，营养良好，又有保温设备，仍可获得较好的繁殖效果。

6. 繁殖方法 前已述及，肉兔一年四季均可繁殖，但受气温、饲料来源等条件的影响，肉兔的繁殖方法通常分为以下三种。

(1) 传统繁殖法 此方法要考虑到气候因素，在适宜的季节安排繁殖。一般肉兔每年繁殖4～5胎，通常在仔兔42日龄断奶后，母兔才与公兔再次配种繁殖。

(2) 半频密繁殖法 适当缩短繁殖周期，母兔产仔后10～15天即第2个发情期再次配种，仔兔在35日龄断奶，用这种方法，每年可繁殖5～6胎，适用于半集约化商品肉兔场。

(3) 频密繁殖法 适用于饲养管理水平较高，气候适宜或有条件控制小气候的肉兔场。母兔分娩后1～2天内就配种，仔兔28日龄断奶。目前，在集约化生产条件下，常采用此法。其优点是，实行同期发情，同期配种，配种容易受胎，同期产仔，且便于管理，繁殖周期短，可年产8胎左右。

以上方法，依据当地条件和实际饲养水平，在商品肉兔生产中可交替使用，以提高经济效益。

7. 配种准备及配种计划 要提高肉兔的繁殖性能、提高经济效益，就必须做好肉兔配种前的准备工作，编制每年肉兔的配种计划。

（1）配种准备 做好准备工作，是获得理想配种效果的前提。

①公、母兔的健康检查。配种前应对公、母兔的健康状况进行严格检查，凡体质瘦弱、性欲不强、有恶癖、生产性能低劣或患疥癣、生殖疾病的公、母兔一律不能参加配种，并应将其及时淘汰。

②公、母兔的饲养比例。生产实践表明，采用人工辅助交配，所饲养公、母兔比例应为 1∶8～10。公兔的配种频率最好是 2 天 1 次或每周 3～5 次。

③配种环境和时间。配种时，须将母兔放入公兔笼内，而不能把公兔放入母兔笼内，以防环境变化，分散公兔精力，延误交配时间。母兔放入公兔笼以前，还要检查发情母兔的外阴部颜色，即“粉红早，黑紫迟，大红正当时”。交配时间春、秋两季，最好安排在上午 8：00～10：00，夏季利用清晨和傍晚，冬季在较暖和的中午进行，喂料前后 1 小时不宜配种。

④注意公、母兔的匹配性。如果发情母兔放进公兔笼中不停地跑动，逃避公兔或伏在笼中拒绝交配甚至发生咬斗，可采取以下措施：一是将母兔放入其他公兔笼，由其他公兔交配；二是配种员一手抓住母兔两耳及颈后部皮肤，另一手伸入腹下置于两条后腿之间，并用食指和中指固定兔尾，抬起母兔后躯以迎合公兔交配；三是可用一根软绳以活结系住兔尾尖部，另一端由固定兔颈皮的手控制，将尾拉起露出阴部，待公兔爬跨时，另一手伸到母兔两股内侧，轻抬母兔后躯 5 厘米左右，以迎合公兔交配。

⑤清洗、消毒兔笼。交配前应清除公兔笼内的粪便和污物。配种前数日应剪除公、母兔外生殖器周围的长毛，并进行清洗

消毒。

（2）配种计划　一个兔场每年繁殖几胎较适宜，这要根据当地的饲养条件和管理水平而定，条件好可多繁殖，条件差的少繁殖，一般以年产 4～5 胎为宜。表 3-2、表 3-3 所列的配种计划，供参考。

表 3-2　肉兔年产 4 胎的繁殖计划

胎次	配种日期	分娩日期	断奶日期
1	1 月 1 日（孕 30 天）	2 月 1 日（哺乳 40 天）	3 月 12 日（休息 5 天）
2	3 月 15 日（孕 30 天）	4 月 14 日（哺乳 50 天）	6 月 2 日（休息 40 天）
3	7 月 15 日（孕 30 天）	8 月 14 日（哺乳 40 天）	9 月 22 日（休息 5 天）
4	10 月 1 日（孕 30 天）	11 月 1 日（哺乳 50 天）	12 月 20 日（休息 10 天）

表 3-3　肉兔年产 5 胎的繁殖计划

胎次	配种日期	分娩日期	断奶日期
1	1 月 1 日（孕 30 天）	2 月 1 日（哺乳 27 天）	2 月 27 日（休息 5 天）
2	3 月 6 日（孕 30 天）	4 月 5 日（哺乳 30 天）	5 月 4 日（休息 10 天）
3	5 月 15 日（孕 30 天）	6 月 14 日（哺乳 30 天）	7 月 13 日（休息 35 天）
4	8 月 20 日（孕 30 天）	9 月 19 日（哺乳 30 天）	10 月 18 日（休息 5 天）
5	10 月 25 日（孕 30 天）	11 月 24 日（哺乳 30 天）	12 月 23 日（休息 5 天）

8. 配种方法　肉兔的配种方法有三种，即自然交配，人工辅助交配和人工授精。

（1）自然交配　把公、母兔混养在一起，任其自由交配。这种方法的优点是配种及时、方法简便、节省人力等。其缺点是容易发生早配、早孕，影响胚胎的生长发育；无法进行选种选配，容易发生近亲交配和品种退化；公兔多次追配母兔，体力消耗过大，容易引起早衰，缩短利用年限；公、母兔混群饲养，容易引起同性好斗和传播疾病，在实际生产中已经很少应用。

（2）人工辅助交配　在公、母兔分群或分笼饲养情况下，在配种时，将母兔放入公兔笼内，在配种员的看护和帮助下完成配种过程。这种方法的优点是能有计划地进行选种选配，避免近亲繁殖；能合理安排公兔的配种次数，延长种兔的利用年限，防止疾病传播，提高肉兔的健康水平。缺点是种公兔的利用率不高，配种适期较难掌握。总之，人工辅助交配要比自然交配先进，目前在家庭养兔业中普遍采用这种配种方法。

人工辅助配种结束后，应立即将母兔从公兔笼内取出，检查外阴部，有无假配。如无假配现象，可将母兔臀部高举，轻拍其后躯，以防精液逆流，然后将母兔送回原笼，及时做好配种登记工作，并结合母兔受胎情况，定期检查公兔精液，及时淘汰配种、受胎能力低下的公、母兔。

（3）人工授精　人工授精是目前养兔业中最经济、最科学的配种方法。是运用器具将优良公兔的精液采集出来，经过精液品质评定和适当的稀释处理，再借助输精管将精液输入发情母兔生殖道内的一种先进技术。其优点是可以提高优良种公兔的利用率，减少种公兔的饲养只数，降低饲养成本，便于管理，提高母兔的受胎率，并能减少因配种时公、母兔直接接触而造成的疾病传播，若用在家兔育种工作中，可加速育种工作的进程。缺点是要掌握熟练的操作技术，配备必要的设备等。

①采精器具的准备。采精是人工授精的关键工艺。采精时，一般利用硬质塑料管、橡皮管或竹筒制成假阴道，外筒长 8～10 厘米，内径 3～4 厘米，用长 15 厘米的柔软乳胶指套作内胎。安装时将内胎放入外壳内，使内胎两端分别等长翻转于外壳上，再用胶圈固定（图 3－1）。内胎应稍松，否则会影响公兔射精。若内胎为初次使用，须将上面的滑石粉洗净，晾干再用，以免影响精液品质。假阴道在使用前需仔细检查，安好集精管，先用 75％的酒精彻底消毒，然后再用灭菌生理盐水冲洗数次，采精前从活塞气嘴处灌入 50～60℃的温水并吹气，水量以占内外壳空间

的 2/3 为宜，假阴道内温度维持在 39～40℃为宜，灌入水量及充气压力应满足公兔射精时的要求。而后，在假阴道开口端再用小玻璃棒涂擦少量消过毒的中性白凡士林或液体石蜡作润滑剂。

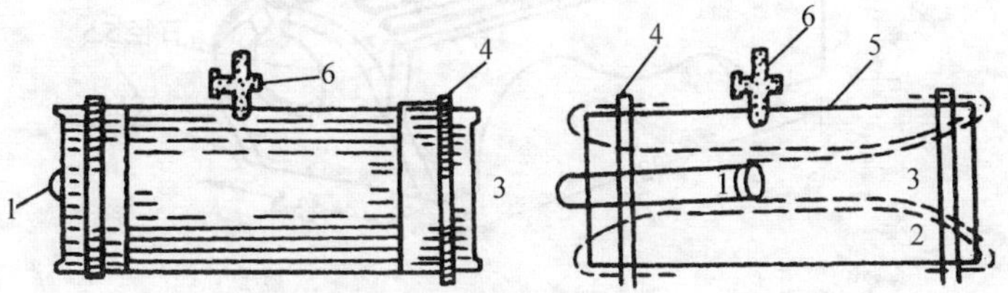

图 3-1　假阴道构造图

1. 集精管　2. 内胎　3. 内胎连接集精管

4. 固定内胎橡皮圈　5. 外壳　6. 活塞

②采精操作。采精操作有三种情况可供参考。

第一，用母兔作台兔采精。选择健康发情母兔作为采精用兔，采精在公兔笼内进行。采精者一手抓住母兔双耳和颈部皮毛，使母兔后躯朝向公兔，另一只手持假阴道伸入母兔腹下，假阴道开口端紧贴于母兔外阴部的下方，突出约 1 厘米，令假阴道开口端稍低，集精管端稍高，使假阴道与水平面成 30 度角。当公兔爬至母兔背上时，假阴道对准阴茎伸出的方向，在公兔阴茎反复抽动时，采精者应及时调整假阴道的位置和角度，以利阴茎顺利进入。公兔射精后应立即将假阴道开口端抬高，防止精液倒流，取下集精管，送至人工授精室待检。

第二，假台兔采精法。模仿母兔后躯外形与生殖道位置，制作假台兔（图 3-2），用木板和竹条作支架，蒙上一张兔皮即可。采精时，将准备好的假阴道装于台兔腹内，将台兔放入公兔笼内让其爬跨。性欲旺盛或经过训练的公兔很快射精，此法简便，相当于自然交配的姿势。

第三，手扎兔皮作台兔采精。采精者将经处理过的兔皮套在手背或手臂上，手握假阴道伸入公兔笼内，待公兔爬跨时，调整

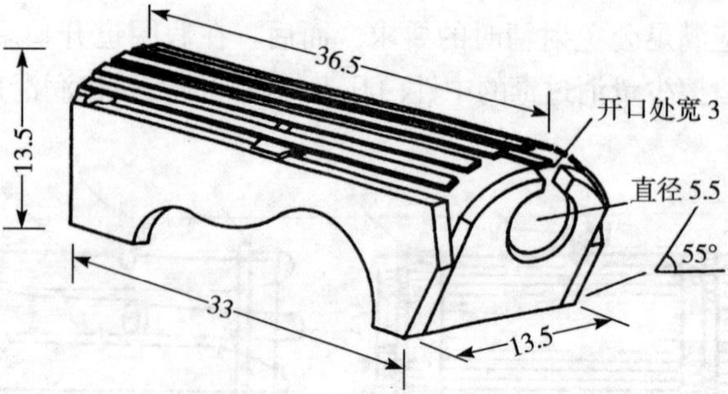

图 3-2　假台兔构造示意图（单位：厘米）

假阴道的位置和角度即可获得成功。

以上三种采精操作，以第一种较为自然，后两种虽然简便，但需要对采精用的公兔进行训练，否则难于奏效。

③采精频率。每天 1～2 次，连续采精 3～4 天后，应休息 1～2 天。

④精液检查。采集的精液能否用于输精或稀释，须经过肉眼观察和显微镜检查后才可确定。

射精量测定：公兔每次射精量为 0.5～1.5 毫升，公兔的射精量与其品种、体型、饲养管理及采精技术等有关。同一只公兔射精量相差悬殊，就要检查原因。

色泽、气味检查：正常精液应呈乳白色，浑浊而不透明，有特殊的腥味，但无臭味，如有其他颜色和臭味，表示精液异常，如黄色则可能有尿液，红色可能混有血液，不能作输精用。

精液酸碱度测定：用精密 pH 试纸测定，也可用光电比色计测定，pH 接近中性（6.8～7.5）。如果酸碱度变化过大，表示公兔生殖道可能患有某种疾患，这种精液不能用于输精。

精子活力检查：精子活力强弱是评定精液品质好坏的重要指标。正常精子呈直线前进运动，凡呈圆周运动，原地摆动或倒退等都是不正常运动，精子活力检查宜在 35～37℃的环境温度下进行。

精子活力通常以百分率表示。用消毒过的玻棒取一滴精液于干燥、清洁的载玻片上，加上盖玻片置于 200～400 倍的显微镜下观察（图 3-3）。采用“十级制”计分法，凡视野下，100%精子呈直线运动，活力为 1.0 级，90%精子呈直线前进运动的，活力为 0.9 级，80%为 0.8 级，以此类推，全部精子无一作直线运动的，活力为 0 级。在生产实践中，一般要求精子活力在 0.6 级以上方可用于输精。

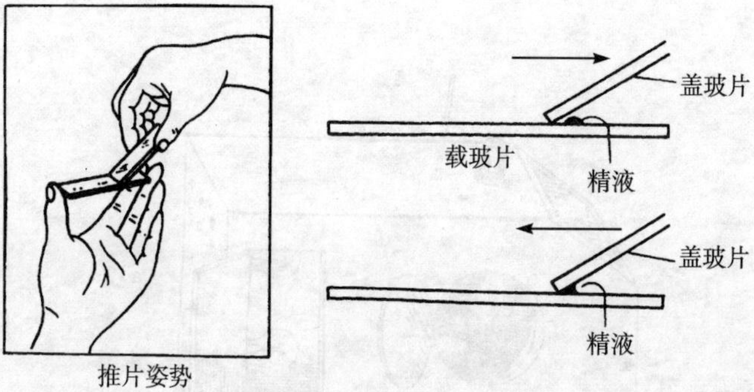

图 3-3　活力检查推片法

精子密度测定：精子密度是确定精液稀释倍数的主要依据。测定方法有估测法和计数法两种。估测法，是直接在显微镜下观察精子的稠密程度，分为密、中、稀三个等级。视野下精子之间几乎无任何间隙者，为“密”，这种精液浓度每毫升约有精子 10 亿个以上；如果精子之间有容纳 1 个精子的空隙者，为“中”，这种精液浓度每毫升含有 5～10 亿个精子；精子间距超过 2 个以上精子长度，为“稀”，这种精液的精子数在每毫升 5 亿个以下。用于输精的精子密度必须在“中”级以上（图 3-4）。计数法，是一种用血细胞计算板精确算出单位体积精液中精子数量的方法（图 3-5）。

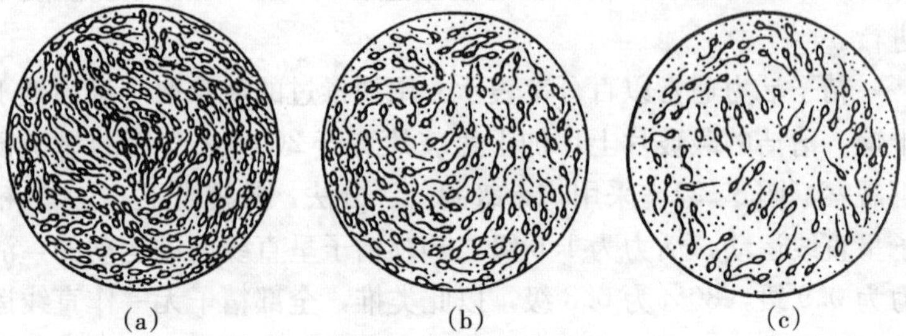

图 3-4 密度估测法

(a) 密 (b) 中 (c) 稀

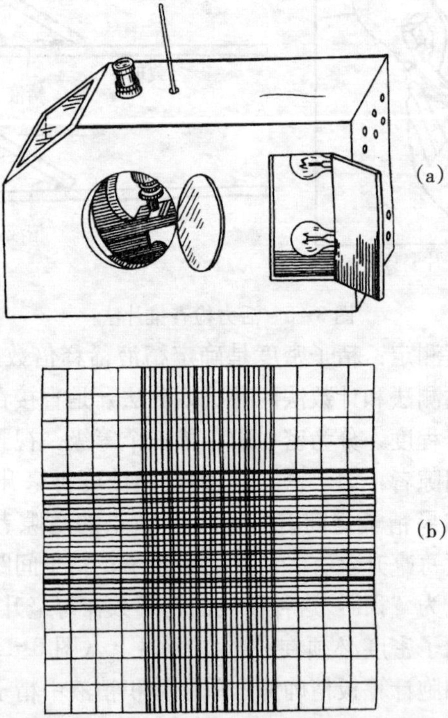

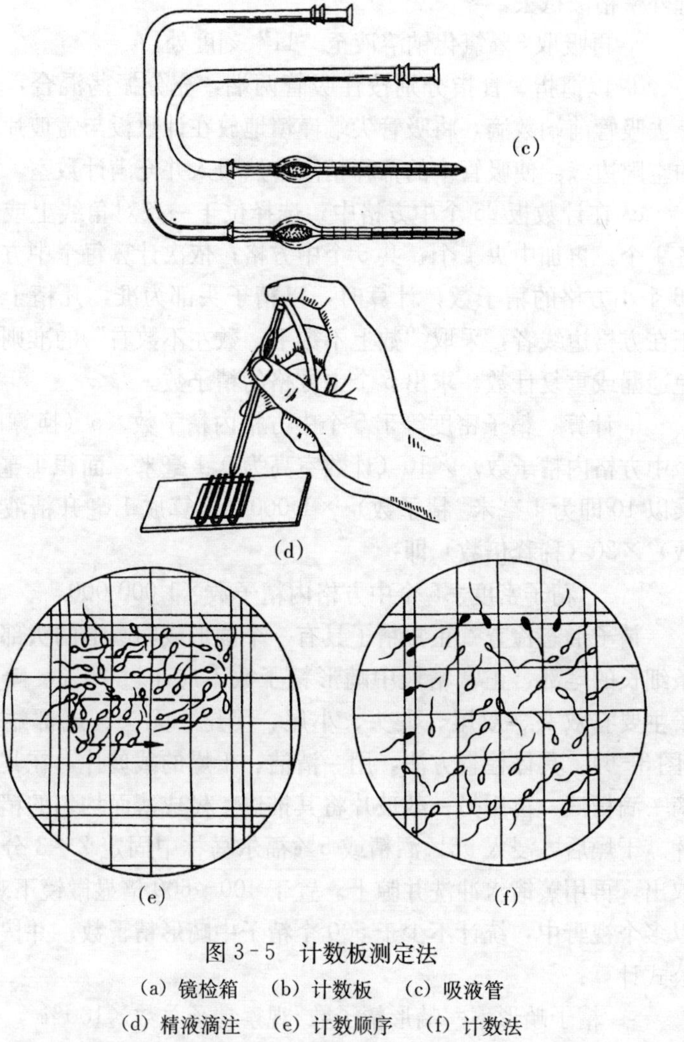

图 3-5　计数板测定法

(a) 镜检箱　(b) 计数板　(c) 吸液管

(d) 精液滴注　(e) 计数顺序　(f) 计数法

具体作法是：

a. 取血细胞计数板，推上盖玻片，于显微镜下观察，使之清晰可见 1 毫米^2 面积上有 25 个中方格。

b. 取白细胞吸管，吸取公兔精液到“0.5”刻度处，并将吸管外壁精液拭去。

c. 再吸取3%氯化钠溶液至“11”刻度处。

d. 以拇指、食指分别按住吸管两端，充分振荡混合，然后弃去吸管前端数滴，将吸管尖端谨慎地放在计数板与盖玻片之间的空隙边缘，使吸管中的稀释精液自然吸入并充满计数室。

e. 在计数板25个中方格中，选择位于一条对角线上或四角各1个，再加中央1个，共5个中方格；依次计算每个中方格内16个小方格的精子数；计算时，以精子头部为准，凡精子头部压在方格边线者，采取“数上不数下，数左不数右"的准则，以免遗漏或重复计数。求出5个中方格的精子数。

f. 计算。精子密度等于5个中方格内精子数×5（换算成25个中方格内精子数）×10（计数室高为0.1毫米，面积1毫米^2，乘以10即为1毫米^3 精子数）×1 000（换算成1毫升精液精子数）×20（稀释倍数）即：

精子密度=5个中方格内精子数×1 000 000

精子形态检查：正常精子具有一个圆形或卵圆形的头部和一条细长的尾部，正常精液中畸形精子数不应超过20%。畸形精子主要有双头、双尾、大头、小尾、无尾、无头、尾部蜷曲等（图3-6）。具体检查方法，用一清洁、干燥的载玻片，在其一端滴一滴精液，再用另一载玻片将其推进，做成薄而均匀的精液抹片。干燥后，浸入96%酒精或5%福尔马林中固定2～3分钟后取出，再用蒸馏水冲洗并晾干。置于400～600倍显微镜下观察，以多个视野中，统计不少于500个精子中畸形精子数，并按下列公式计算：

精子畸形率=畸形精子数/观察精子总数×100%

⑤ 精液稀释。其目的主要是扩大精液量，增加输精兔数，便于保存和运输，提高良种公兔利用率。稀释倍数为1∶5～10。常用的稀释液主要有以下几种。

第一种，葡萄糖卵黄稀释液。取精制无水葡萄糖7.6克，卵

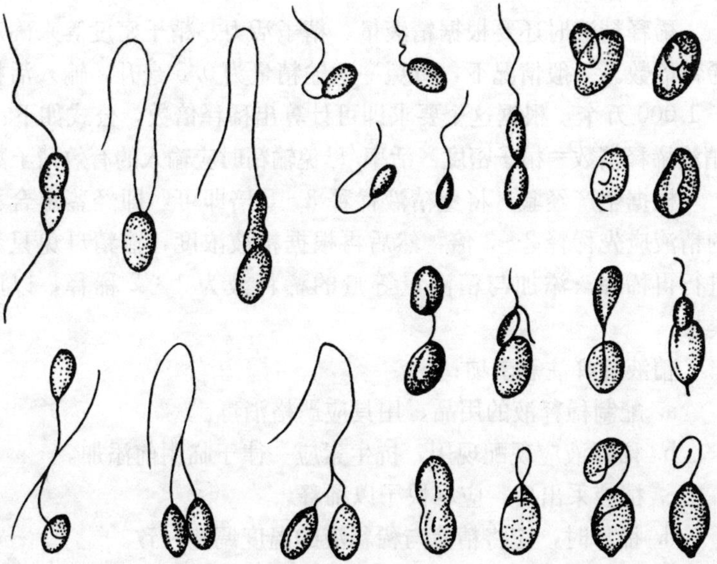

图 3-6　畸形精子

黄 1～3 毫升，青、链霉素各 10 万单位，蒸馏水加至 100 毫升。具体操作：将 7.6 克无水葡萄糖充分溶解在 100 毫升蒸馏水中过滤，密封，煮沸，消毒 20 分钟，冷却至25～30℃时，再加入卵黄和抗生素，摇匀，溶解，贴上标签备用。

第二种，蔗糖卵黄稀释液。蔗糖 11 克，卵黄 1～3 毫升，青、链霉素各 10 万国际单位，蒸馏水加至 100 毫升。处理方法同上。

第三种，柠檬酸钠卵黄稀释液。柠檬酸钠 0.38 克，无水葡萄糖 4.54 克，卵黄 1～3 毫升，青、链霉素各 10 万国际单位，蒸馏水加至 100 毫升。处理方法同上。

第四种，奶或奶粉液。取新鲜的全脂或脱脂牛、羊乳或奶粉（奶粉应先配成 10%奶粉液），加热煮沸消毒 20 分钟，冷却至25～30℃时，用消毒的 4 层纱布过滤，再加入青、链霉素各 10

万国际单位。

稀释精液时还要根据精液量、精子活力、精子密度等来确定稀释倍数。一般情况下，母兔一次输精量为0.5毫升，输入活精子1 000万个，根据这个要求即可计算出稀释倍数，公式如下：

精液稀释倍数＝精子密度×活率/母兔输精时应输入的有效精子数

根据生产经验，将兔精液稀释3～5倍即可，即经鉴定合格的精液应先稀释2～3倍，然后再根据精液浓度，输精母兔只数进行再稀释。添加与精液量等量的稀释液为1∶2稀释，以此类推。

精液稀释注意事项：

a. 配制稀释液的用品、用具应严格消毒。

b. 稀释液应现配现用，抗生素应一律于临用前添加。

c. 精液采出后，应尽快予以稀释。

d. 稀释时，应将精液与稀释液的温度调整一致。

e. 精液稀释后，应取样进行活率检查，其活率不应比稀释前低。

⑥精液的液态保存。稀释后的精液如暂时不用，应及时保存，保存方法有常温保存（15～25℃），一般只能保存1～2天；低温保存（0～5℃），可保存数日；冷冻保存（−79～−196℃），是目前保存时间最长的方法。

稀释保存液的选择与配制：

a. 糖卵黄保存液。按前法配成7％葡萄糖液，加入抗生素，再加入0.8％的新鲜卵黄，搅匀备用。取卵黄时应选新鲜鸡蛋，用皂液洗净蛋壳，再用70％的酒精棉涂擦消毒，去蛋清后，对半打开，用注射器吸取卵黄，按每100毫升7％葡萄糖液中加入卵黄0.8～1毫升，并用消毒玻璃棒搅匀备用。

b. 奶或10％奶粉液。同前法配制并加抗生素。

c. 奶类卵黄保存液。在奶或10％奶粉液中加入卵黄，比单纯奶类保存效果好。

d. 多成分保存液。三羟甲基氨基甲烷 3.028 克，柠檬酸钠 1.676 克，葡萄糖 1.252 克，蒸馏水 85 毫升，卵黄 15 毫升，青、链霉素各 8 万国际单位。

稀释保存技术，具体做法如下：

a. 将欲保存的精液稀释后，徐徐降至室温，进行分装。

b. 在每一份装精液面最好封盖一层中性液体石蜡油，以隔绝空气，保证保存效果。

c. 把分装好的精液，包以 1 厘米厚纱布置于 5～10℃环境中，使其在 1～2 小时内缓慢降温。

d. 将已降温的精液，保存在冰箱或放有冰块的广口瓶内。保存温度为 0～5℃。

精子对急剧降温十分敏感。因此，保存精液应缓慢降温；保存环境也应以阴暗、干燥为佳；保存期间应保持恒温。

⑦输精技术。输精前先对已发情母兔进行诱发排卵处理，以达到母兔受精怀胎的目的。方法有肌肉注射促排卵素 3 号 2～5 微克；静脉注射促黄体素 50 国际单位；静脉注射 1%～1.5%醋酸铜溶液 1 毫升；用结扎了输精管的公兔进行交配刺激。

通常在排卵处理后 2～5 小时，用特制的兔用输精器（图 3-7），或用 1 毫升容量的小吸管安上橡皮乳头代替输精器。术者一手紧握母兔臀部及尾部皮肤，提向斜上方，用脱脂棉球擦净母兔外阴部，另一手持经煮沸消毒的输精管沿阴道壁背侧方向插入 6～10 厘米，注入稀释后的精液 0.3～0.5 毫升。输精完毕，最好轻拍一下母兔臀部或将母兔后躯抬高片刻，以防精液倒流。

图 3-7　兔用输精器

倒提式输精法的效果也很好。即将母兔头颈轻夹于术者两膝之间，使兔背靠术者大腿，一手抓提兔臀和尾，另一只手持输精管输精。

为确保卫生，防止疾病传播，最好每输一只兔，换一根输精管。输精时动作应轻柔，不要灌入尿道口。若输精管插入6～10厘米后，仍感觉无阻力，说明已插入膀胱，应立即抽出换管或经擦拭后重输。

（二）提高繁殖力的措施

肉兔是繁殖力很高的动物，但由于各种因素的影响，其繁殖力并未得到充分发挥。为了增加肉兔饲养的经济效益，如何提高肉兔的繁殖力是至关重要的问题。

1. 影响繁殖力因素 影响肉兔繁殖力的因素很多，如温度、季节、年龄和营养水平，公兔和母兔本身的体况等。

（1）温度 温度对肉兔的繁殖性能影响较明显，超过30℃即引起食欲下降，性欲减低，持续高温可使睾丸产生精子减少，但高温过后会很快恢复，而精液品质的恢复需2个月左右的时间。当然，低温对肉兔繁殖力也有一定的影响，温度低于5℃，可使肉兔的性欲减退。

（2）营养 据研究，高营养水平可使卵泡发育和排卵率降低。营养水平过低或营养不全面，对肉兔繁殖力也有不利影响，因为营养贫乏可直接影响脑垂体机能，而繁殖性能在很大程度上受脑垂体机能的影响。

（3）使用不当 公兔休闲期后可能出现暂时性不育，但在第一次配种后即消失。公兔长期不配种，首次配种要进行复配，如果人工授精，首次采的精液弃去不用。母兔长期空怀或初配过迟，也会使母兔妊娠困难。

（4）种兔年龄 种兔的年龄明显地影响其繁殖性能，1～2岁的种兔随着年龄的增长，繁殖性能提高，2岁以后繁殖性能逐渐下降，一般种兔使用3年左右。

（5）公兔 公兔睾丸发育不全，两侧睾丸缺乏弹性，缩小，硬化，生殖上皮活性下降等，均会影响精子的形成和品质。公兔一侧或两侧睾丸缩回腹腔内，患有睾丸炎或副睾丸炎使生殖上皮变性等，也会影响正常精子的形成。公兔患上高温疾病或炎夏中暑症，常使生殖上皮遭受破坏，导致睾丸萎缩，性欲减退，畸形精子数增加。公兔患有梅毒病或脚皮炎，或咬伤生殖器官等，均可引起局部发炎、奇痒、疼痛等症状，而影响公兔的性欲与配种。长期缺乏维生素，特别是维生素 A 和维生素 E 等，可引起生殖上皮萎缩，导致性欲下降，精液品质下降。

（6）母兔　母兔卵巢或子宫发育不全，均会影响卵泡的发育和成熟，进一步影响发情和配种。卵巢囊肿，可引起内分泌机能失调，影响卵泡的成熟和排卵。患子宫炎或先天性梅毒，影响受胎和胎儿的正常生长发育。饲料营养不全，缺少钙、磷或维生素，易造成死胎或畸形。患子宫肌瘤或输卵管炎，可导致不孕，对这类母兔应及时淘汰。

2. 提高公兔配种能力的措施　公兔的配种能力主要决定于性欲的强弱和精液品质的好坏。

（1）严格选种　要选择健壮，性欲强，生殖器官发育良好，睾丸大而匀称，精子活力好、密度大的公兔留作种用，及时淘汰单睾、隐睾或患有生殖器官疾病（如梅毒等）的公兔。选择繁殖性能好、遗传性稳定的公兔留种，在鉴定种公兔时，除对公兔本身的繁殖性能进行鉴定外，还要根据种兔卡，评定三代以内的繁殖性能，如果多次配种不孕或累计受孕率低于 50%的公兔不宜留作种用。

（2）科学的饲养管理　保持种公兔的良好种用体况，供给全价的营养，特别是蛋白质、矿物质和维生素等。配种前的 15～20 天要调整日粮，并逐渐增加蛋白质饲料、矿物质和维生素的喂量。

（3）保持公兔合理的年龄结构　高繁殖力的种公兔群应以青、壮年为主，老龄种公兔比例不宜过大，以免影响整个兔群生产。因而，种公兔群中，青、壮、老年种公兔应有合理的年龄结构。种兔一般使用三年左右，每年要有 1/3 左右被淘汰，所以每年要选留 1/3 以上的后备兔，作为从中进一步选择种公兔的来源。

（4）避免近亲繁殖　在肉兔生产中切忌近亲交配，近亲繁殖容易产生死胎、畸形仔兔和后代生活力降低等问题，种兔场要建立种兔档案制度，即使是养兔专业户也应做好配种繁殖记录，定期更新种公兔。

3. 提高母兔受胎率的措施　母兔的受胎率直接关系到兔场生产水平的高低和经济效益的好坏，要提高母兔的受胎率，可以采取以下措施。

（1）人工催情　有些母兔因饲养管理、气候、环境等影响内分泌，造成长期不发情，拒绝交配而影响繁殖。在改善饲养管理条件的同时，可采取如下人工催情的方法。

性诱催情：对长期不发情或拒绝交配的母兔，可将母兔放入公兔笼内，通过追逐、爬跨等刺激后，再放回原笼，每天一次，连续 2～3 天后就能诱发母兔发情，排卵。

信息催情：公、母兔体内都有一种性信息素，可使同种异性产生性冲动和求偶行为。将长期不发情或拒绝配种的母兔放入公兔笼内，将公兔放入母兔笼内，进行公、母兔笼位的交换。经 24 小时，将母兔放回原笼与留在母兔笼内的公兔配种。由于母兔接受了公兔笼内的公兔信息，往往会诱发母兔性冲动，再经公兔性追逐，就可促使母兔发情、配种。这种方法简单易行，受胎率高，但要选择健康、性欲强的公兔，母兔留在公兔笼内的时间不少于 20 小时。

按摩催情：用手轻轻按摩母兔外阴部，每次 1～2 分钟，当外阴部出现红肿，自愿举尾时，将母兔放入公兔笼内配种，受胎率很高。或在配种前，用一只手轻轻提起母兔尾巴，另一只手以快速频率拍击母兔阴部，使母兔产生交配感觉，每次 1～2 分钟，直到母兔自愿举尾时，说明催情成功，配种受胎率很高。

药物催情：用 2%碘酊涂于外阴部，可刺激母兔发情，有效率达70%以上；用10～15毫克硫酸铜溶于1毫升蒸馏水中，静脉注射后即可配种，受胎率达60%以上；每只兔每天内服中药淫羊藿5～10克，有良好催情效果。

激素催情：促使母兔发情排卵的激素，主要有脑垂体前叶分泌的促卵泡素（FSH）、促黄体素（LH），人胎盘分泌的绒毛膜促性腺激素（HCG），孕马血清促性腺激素（PMSG）等。据试验，肌肉注射促卵泡素（每天2次，每次0.6毫克/只），可促使卵泡成熟，分泌动情素；静注促黄体素（每次每只20国际单位或每千克体重0.5～0.7毫克），能促使成熟卵泡排卵，形成黄体；肌注人绒毛膜促性腺激素（每次每只40～60国际单位），能诱发排卵，但连续使用会产生抗体，使排卵无效；肌注孕马血清促性腺激素（每次每只40～60国际单位），能促使卵泡强烈发育。一般都可使母兔的发情率达到80%～90%，受胎率达70%～80%，平均每胎产仔5～7只。

营养催情：配种前1～2周，对体况较差的母兔增喂精料，多喂优质青料，补喂大麦芽、豆芽或南瓜、胡萝卜等，倍量添加维生素，添加含硒生长素等，特别是硒-维生素E合剂，或饮水中加入水溶性复合维生素，催情效果较好。

光照催情：繁殖母兔每天光照时间14～16小时，有利于正常发情。在光照时间较短的秋冬季，应实行人工补充光照，促使母兔发情。

断乳催情：泌乳抑制发情。对产仔少的母兔可合并仔兔。一只母兔进行哺乳，另一母兔则在停止哺乳后5天左右发情。

（2）同期发情　用人工方法对母兔的发情周期进行同期化处理，称为同期发情。同期化处理时，多利用激素制剂，使母兔在短期内（一般为1～3天）集中发情，便于组织集中配种。家兔同期发情的方法有以下两种。

①使用孕马血清促性腺激素（PMSG）及诱发排卵的激素如人绒毛膜促性腺激素（HCG）或促排卵素2号（LRH-A）。每

只母兔皮下注射20～30国际单位的PMSG，60小时后再于耳静脉注射3～5微克LRH－A或50国际单位的HCG，同时进行配种或人工授精。

采用本方法时应注意，孕马血清促性腺激素的用量不可过多，使用次数不可过频。当孕马血清促性腺激素用量超过80国际单位时，即会诱发超数排卵。因此，若想提高产仔数，可酌增10国际单位，且不可连续多次使用，以防产生抗体而不起作用。

②注射促排卵素2号（LRH－A），同时施行人工授精。每只母兔视体重大小，耳静脉注射5～10微克促排卵素2号（使其溶于0.2毫升生理盐水中），同时进行人工授精。

该方法母兔受胎率超过50%，虽然低于自然发情配种，但在生产上仍有应用价值。因为我国生产的促排卵素2号，是一种高效的人工合成的多肽制剂，具有来源广、成本低的特点，且促排卵素2号分子量小，不易产生抗体，其应用价值比孕马血清促性腺激素更大。

使用本方法时应注意：激素用量不宜随意增加；使用效果因季节有别，以春季为最好；处于发情盛期的母兔注射效果比未发情的几乎提高1倍；连续应用一般无副作用，但试验表明，连用8次以后，受胎与产仔明显下降。

（3）定时分娩　母兔多在凌晨或夜间分娩，分娩时常因无人照料、缺水或饥饿造成母兔吃仔兔或遭遇鼠害，冬季仔兔还会因冻伤造成死亡等，影响仔兔的成活率。采用定时分娩技术，可人工控制母兔在白天分娩，减少仔兔的死亡率。定时分娩可采用下列办法。

①注射催产素。临产前1天或过预产期后2天不产仔的母兔，肌注0.25毫升催产素，一般注射后7～10分钟内分娩，产后母仔正常。

②注射氯前列烯醇。临产前1～2天上午8：00～9：00，颈部肌注氯前列烯醇0.05～0.1毫升，绝大部分母兔在次日白天分

娩，另外还可降低母兔产后疾病，提高仔兔成活率。

③诱导分娩法。母兔妊娠第30～31天，将母兔从笼中捉出，保定母兔，使其胸、腹部朝上，呈半仰卧状。将母兔胸、腹部毛拔光，净毛范围以乳头周围裸露1厘米为宜。随后让其他母兔所产仔兔吮乳3～5分钟，多数母兔在15分钟内分娩。诱导分娩时应注意：第一，仔兔吮吸时间以3～5分钟为宜，不宜过长或过短。第二，吮吸仔兔的日龄以出生7～8天为宜，以防对母兔乳头的刺激太强。第三，诱导分娩见效很快，产程比自然分娩的时间短，必须加强护理，以免发生意外。

（4）加强选种　必须选择健康无病、肥瘦适宜的母兔作种用，凡卵巢囊肿、子宫发育不全或患有其他生殖道疾病的必须及时淘汰。留种仔兔最好从优良母兔的3～5胎中选留，乳头应在4对以上。产仔少、受胎率低、母性差、泌乳性能不好的母兔不能用于配种繁殖。

（5）重复配种　一般情况下，只要母兔发情正常，公兔精液品质良好，交配一次即可。但为了提高受胎率，增加产仔数，第一次配种后可隔5～6小时，再用同一只公兔重复交配一次，即为复配。第一次交配的目的是刺激母兔排卵，第二次交配的目的是受孕。重复配种的受胎率可达95%～100%，平均产仔数为6～8只/胎。尤其是当公兔超过15天休息之后的第一次交配，有时死精子多，必须进行复配。

（6）双重配种　双重配是指第一次配种后再用另一公兔交配。一只母兔连续与两只不同血缘关系的公兔交配，中间相隔时间不超过20～30分钟。目的是利用不同公兔的精子相互竞争，以增加卵子的选择性，通过双配，可使仔兔的生活力增强，成活率提高。据试验，采用双重配种的受胎率比对照组提高25%～30%，产仔数提高10%～20%。但是双重配种只适用于商品肉兔生产，不宜用作种兔生产，以防混淆血统。

采用双重配种时，应在第一只公兔交配后及时将母兔送回原笼，待公兔气味消失后再与第二只公兔配种。以防母兔身上有其他公兔的气味而引起争斗。

（7）频密繁殖　又称“血配”。一般肉兔群多数在28～30日龄断奶，然后进行再次配种，这样一年只能繁殖3～4胎，繁殖速度很慢。这种方法的具体做法是，让母兔在哺乳期内配种受孕，泌乳与妊娠同时进行，所以每年可繁殖8～10胎（表3-4）。

表3-4　肉兔频密繁殖计划

胎　次	配种日期	分娩时期	离乳日期
1	1月1日（孕30天）	2月1日（哺乳25天）	2月26日
2	2月3日（孕30天）	3月5日（哺乳25天）	3月30日
3	3月20日（孕30天）	4月19日（哺乳25天）	5月14日
4	4月22日（孕30天）	5月22日（哺乳25天）	6月16日
5	6月7日（孕30天）	7月7日（哺乳25天）	8月2日
6	7月9日（孕30天）	8月8日（哺乳25天）	9月2日
7	8月20日（孕30天）	9月19日（哺乳25天）	10月14日
8	9月22日（孕30天）	10月22日（哺乳25天）	11月16日
9	10月23日（孕30天）	11月23日（哺乳25天）	12月18日

值得注意的是，母兔血配之后，由于哺乳和妊娠同时进行，对营养物质的需要量很大，在饲料的数量和质量上一定要满足母兔本身及泌乳和胎儿生长发育的需要。但实行频密繁殖的种兔，其利用年限缩短，一般不超过1.5～2年，淘汰率较高，因而一定要及时更新繁殖母兔群。

（8）适当增加光照强度和时间　光照不足，会影响种兔的繁殖。据试验，在温度为20～24℃和全暗的环境条件下，每平方米补充1瓦光照2小时，每只兔光照度为2勒克斯，母兔虽有一定繁殖能力，但受胎率很低，一次配种的受胎率仅有30%左右。如果光照增加至每平方米15瓦，每只兔光照度为17勒克斯，光照时间为12小时，则一次配种的受胎率可达50%左右，仔兔成活率为61.9%。在相同光照强度下，如果连续光照16小时，母兔的受胎率可达65%左右，仔兔成活率可提高到78.5%。因此，增加光照强度和时间，可提高母兔的受胎率和仔兔的成活率。

第四章

肉兔的育种技术

肉兔育种，是根据生物的遗传和变异规律，通过系统选种、选配、培育和杂交改良等综合措施，固定优良性状，剔除不良性状，从而培育出生产性能高，适应性强，遗传性稳定，抗病力强，杂交效果好的品种或品系。

一、遗传和变异的基本概念

遗传和变异是生物的基本特征之一。遗传是指有血统关系的生物个体之间的相似性，使物种和品种具有相对的稳定性，通过遗传可以保证所产后代在性状和品质上类似于亲代，即人们常说的“种瓜得瓜，种豆得豆”。变异指有血统关系个体间产生不相似性状的现象，它可使物种和品种有巨大的可塑性。“一母生九子，九子各不同”这是变异现象。生物的性状变异多种多样，例如肉兔的体型大小，毛色变化，产肉性能等各不相同。这些变异概括起来，大致可以分为遗传的变异和不遗传的变异。遗传变异就是指变异发生后能够遗传下去，继续在后代中重新出现；不遗传的变异就是指在不同环境条件下产生的变异，一般只表现当代，不能遗传。一般与繁殖力相关的性状遗传力较低（低于0.15），而家兔的生长速度和屠体品质的遗传力较高，根据这种现象，可以利用各种育种手段，把能遗传的有利变异和优良性状加以固定，而把有害变异和不良性状加以剔除，培育新的高产品种或品系。

（一）遗传的物质基础

遗传的物质主要存在于细胞核中，细胞核中的染色体是主要的遗传物质基础，它含有高分子化合物脱氧核糖核酸（DNA），在遗传学上，通常把脱氧核糖核酸分子上特异的碱基顺序称为基因。基因能发生交换，出现重组体；发生突变，出现突变体；形成密码子，通过转录后制造氨基酸和蛋白质。因此，脱氧核糖核酸蕴藏着大量的遗传信息。基因是控制性状遗传和变异的基本功能单位。

在细胞质中还存在核糖核酸（RNA）的高分子化合物，它也是重要的遗传物质，也能复制自己；但它是在核糖核酸指导下发挥作用。

（二）遗传的基本规律

遗传的基本规律有三个，即独立分配规律、自由组合规律和连锁互换规律。前两个规律是由奥地利遗传学家孟德尔发现的，又称孟德尔规律。迄今为止，人们已用这三个规律培育了 60 多个家兔品种和 200 多个品系。

1. 独立分配规律　是指控制相对性状的等位基因在配子形成时，将互不干扰地独立分配到各个配子中去。例如，黑色兔与白色兔杂交，结果杂种第一代（F_1）只表现为双亲一方的性状，全部为黑色。当 F_1 自交时，杂种第二代（F_2）3/4 个体为黑色，1/4 的个体为白色，其数量比例为 3∶1。在遗传学上，把 F_1 表现的黑色性状称为显性性状，未表现的白色性状称为隐性性状。F_2 既表现出白色，又表现出黑色的性状，称为性状分离。这种遗传和变异现象就是独立分配规律的作用结果。

经济杂交在我国畜牧生产中已广泛应用。虽然杂种一代表现非常理想，但它是杂合体，后代必然分离。杂种优势不能固定，所以一般不把杂种公兔作种用。

2. 自由组合规律　是指两对或两对以上的相对性状在配子形成时，互不干扰，各自独立随机地分配到不同的生殖细胞里。

例如，白色长毛兔与灰色短毛兔杂交，F_1 表现为白色长毛；F_2 表现为白色长毛、白色短毛、灰色长毛、灰色短毛性状的分离比例为 9∶3∶3∶1。

人们可以利用杂交方法把两个或两个以上的优良肉兔品种的特点合并起来，通过杂交，基因自由组合，就会出现对人类有利的新类型，只要加强选择和淘汰就可以培育出优良的新品种。

3. 连锁互换规律 指不同对的基因在同一染色体上，非等位基因彼此不能自由组合，在遗传中成为集团遗传下来，表现两个或几个性状一起遗传的现象。在实际生产中也往往会碰到这种情况，这就意味着每对同源染色体上本来就载着许许多多的等位基因，同一染色体上的基因群在形成配子时，随着染色体一同进入配子而遗传给下一代，这就是连锁遗传。但是，在细胞分裂的双线期，同源染色体的成员之间往往会发生交叉现象，到偶线期联合时两条染色体发生了局部交换。因此，在形成配子时，由于染色体的交换而出现了新类型的配子，这是互换。

在家兔的杂交改良中，经常可以看到两种性状的遗传是相依不分，同时遗传的，当改变某一性状时，往往另一性状也得到相应的改变。

在家兔的育种实践中，应用遗传的基本定律，可以比较准确地估计后代的分离类型及其频率，预测杂种后代出现某些优良个体的大致比例，有计划地饲养育种兔群。在育种工作中，还可以根据基因交换值，标定每对染色体上各基因的顺序和距离。绘成遗传图谱，这对于进一步开展育种工作有很大的指导作用，还可以预测杂交后代类型出现的概率。

二、肉兔的选种和选配

（一）选种

选种是依据育种目的，将高产优质，体质健壮，适应性强，繁殖力高，遗传性稳定，外貌特征符合育种要求的公母兔挑出，作为繁殖用种兔。同时把品质不好或较差的个体淘汰掉。选种是提高兔群生产力和改良品种的一项有效措施。

1. 选种依据

(1) 体型外貌 外貌是肉兔生理结构的反映，与生产性能有密切关系，是鉴定肉兔生长发育和健康状况好坏的标志。通过外貌鉴定可初步判定肉兔的品种纯度、健康状况、生长发育状况和生产性能。通常鉴定的部位如图 4-1 所示。

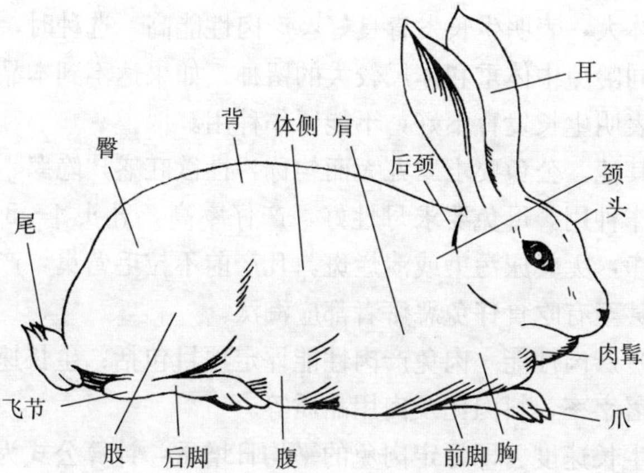

图 4-1 肉兔外观各部位名称

①头部。根据头部形状，大致可以说明肉兔的体质类型。大头一般为粗糙型；小头清秀为细致型；头型大小适中，与体躯各部位协调相称为结实型。种兔要求眼大、明亮，眼睛颜色应符合品种特征，如新西兰白兔眼睛为粉红色，青紫蓝兔为茶褐色，中国白兔为红色。耳朵大小和形状是肉兔的品种特征之一，如中国白兔耳短小而直立，日本大耳兔耳长如柳叶。一般要求应竖立高举，一耳或两耳下垂是不健康的表现，或是遗传上的缺陷。

②体躯。要求肌肉丰满，发育良好；肩宽广，与体躯结合良

好；胸宽深，肋骨开张良好，背腰平直，宽长且丰满，臀部宽圆而缓缓倾斜；腹部充实、紧凑，富有弹性。

③四肢。要求强壮有力，肢势端正，肌肉发达，前肢行走无“划水”现象，后肢无瘫痪、跛行。

④被毛。要求被毛浓密、柔软、富有弹性和光泽，毛色和长短应符合品种特征。检查时，用嘴从逆毛方向吹开被毛，随时观察兔毛纤维各部位的颜色，如不符合该品种的被毛特征，则应及时淘汰。

⑤体重与体尺。体重和体尺是衡量肉兔生长发育情况的重要依据。体大，表明生长发育良好，产肉性能高。选种时，应选择同品种同龄兔中体重和体尺较大的留种。如果达不到本品种最低标准，表明生长发育不好，不能留作种用。

⑥其他。公兔要求睾丸大而匀称，性欲旺盛，隐睾、单睾都不能留作种用。母兔要求母性好，产仔率高，乳头 4～5 对，外阴部洁净，无粪尿污染或溃烂斑。凡产前不拉毛营巢，产后不肯哺乳，甚至有吃食仔兔恶癖者都应淘汰。

（2）产肉性能　肉兔产肉性能评定项目包括：生长速度、胴体重、屠宰率、料肉比及肉用品质等。

①生长速度。即评定肉兔的平均日增重，计算公式为：

$$G=\frac{W_1-W_0}{t}$$

式中　G——平均日增重（千克）；

W_1——期末体重（千克）；

W_0——期初体重（千克）；

t——期末与期初相隔天数。

②胴体重。可分全净膛胴体重和半净膛胴体重，全净膛胴体是指放血、去皮、去头、去尾、去前脚（腕关节以下）、去后脚（跗关节以下），剔除全部内脏（包括腹壁脂肪）；半净膛胴体指在全净膛基础上，保留肝、肾和腹壁脂肪。

③屠宰率。系指兔的胴体重占屠宰前空腹体重的百分率，计算公式为：

$$屠宰率=\frac{胴体重}{宰前空腹体重}\times100\%$$

④料肉比。系指每增重 1 千克所消耗标准饲料数，计算公式为：

$$料肉比=\frac{断乳至宰前所耗标准饲料数}{宰前空腹重-断乳重}$$

但是，应该指出的是，在目前尚未采用统一标准饲料的情况下，可按实际饲喂饲料中的可消化能或可消化蛋白质含量计算。

⑤胴体品质。反映肉兔胴体品质的测定项目有如下几种。

胴体长：从第一胸椎到坐骨结节之间的直线距离。

胴体腰宽：腰部左、右两侧髋结节之间的直线距离。

瘦肉率，计算公式为：

$$瘦肉率=\frac{瘦肉重}{胴体重}\times100\%$$

肉骨比，计算公式为：

$$肉骨比=\frac{瘦肉重}{骨重}\times100\%$$

脂肪率，计算公式为：

$$脂肪率=\frac{板油+网油重}{胴体重}\times100\%$$

（3）繁殖性能　评定的项目包括：

$$受胎率=\frac{一个发情期母兔配种受胎数}{参加配种的母兔数}\times100\%$$

年总产仔数：系指一年内各窝产出不论死活仔兔数的总和。

年总产活仔数：系指一年内各窝产活仔兔数的总和。

断奶仔兔数：系指断奶时存活仔兔数。注意：如有寄养，亦应将代为哺育成活的仔兔数计算在内。

$$仔兔存活率=\frac{断奶仔兔数}{产活仔兔数}\times100\%$$

初生窝重：系指仔兔全窝出生后吮乳前的重量。

母兔泌乳力，计算公式为：

母兔泌乳力＝20 日龄仔兔窝重－初生窝重

断奶仔兔窝重：系指断奶时，全窝仔兔包括代为哺育的仔兔在内的重量。

2. 选种方法 肉兔的选种方法很多，目前生产中常用的有个体选择、家系选择、综合选择等。

（1）个体选择 主要依据肉兔本身的质量性状或数量性状在一个兔群内个体表型值差异，选择优秀个体，这种方法仅适用于一些遗传力高的性状选择。

①剔除法。即对选择的每个性状都限定一个最低标准，只要有一个性状低于该标准，即予以淘汰。

②最优法。对兔群中的任何个体，只要有一个性状的表型值优于其他个体，则该个体即预留种。常采用百分制评定法。

百分制评定法，一般分三步进行。

第一步，依据兔群生产水平，制订出各项经济性状的评分标准，各项满分之和为 100 分。

第二步，利用这种评分标准，在兔群中逐只进行鉴定和评分。

第三步，根据每只兔各项经济性状评定总分，选出最优者作为种兔。

③指数选择法。将所选性状，依据其重要程度，各自乘以一定的系数，再综合起来，视其数值的大小，进行选种，称之为指数选择法。

计算选择指数的公式：

$$I=a_1P_1+a_2P_2+\cdots+a_nP_n$$

式中 I——选择指数；

a——各项性状的系数；

P——各项性状的具体数值。

再以 $I=100$ 时为及格水平，这样，在 $I=a_1\overline{P}_1+a_2\overline{P}_2+$

……$+a_n\overline{P}_n=100$ 一式中的 $\overline{P}_1$、$\overline{P}_2$……，$\overline{P}_n$ 为第一项性状、第二项性状……，第 n 项性状在兔群中的平均值。

依据各项性状的重要程度，确定其在总分中占的比重。

（2）家系选择　主要根据系谱鉴定，同胞、半同胞测验或后裔测验来选择种兔。这种方法适用于一些遗传力低的性状选择，如繁殖力、泌乳力和成活率等。

①系谱鉴定。系谱是记载种兔祖先情况的一种资料表格。系谱鉴定对正在生长发育的幼兔，特别是仔兔断奶后需要进行早期留种时尤为适用。根据遗传规律，对子代品质影响最大的是亲代（父、母），其次是祖代、曾祖代。祖先愈远，影响愈小。因此，应用系谱鉴定时，只要推算到二三代就够了。但在二三代内必须有正确而完善的生产记录，才能保证鉴定的正确性。

②同胞、半同胞测定。采用同胞、半同胞测定法进行家系选择所需的时间短，效果好。因为肉兔的利用年限短，采用同胞、半同胞测定，在较短时间内就可得出结果，优秀种兔就可留种繁殖，所以，能够缩短世代间隔，加速育种进程。同胞、半同胞测定常用于测定遗传力低的性状，如繁殖力、泌乳力和成活率等。凡遗传力愈低的性状，同胞、半同胞数愈多，则测定效果愈好。

③后裔测定。这是通过对大量后代性能的评定来判断种兔遗传性能的一种选择方法。一般多用于公兔，因为公兔的后代数量、育种影响都大于母兔。具体做法是，选择一批外形、生产性能、系谱结构基本一致的母兔，饲养在相同的饲养管理条件下，每只公兔至少选配 10～20 只母兔，然后根据生长发育、饲料报酬、产肉性能、肉用品质等性状进行综合评定。

（3）综合选择　在实际育种工作中，选出各种经济性状都很优良的种兔。一般进行三次选择。

第一次选择，可在仔兔断奶时进行，以系谱鉴定为主，结合个体鉴定，将断奶仔兔划分为生产群与育种群，对列入育种群的幼兔必须加强饲养管理和其他的培育措施。

第二次选择，一般在3～6月龄进行，以外貌鉴定为主，结合体重、体尺大小评定生长发育情况。在育种群中，凡有鉴定不合格者一律转入生产群。通过同胞、半同胞测定，选出育种群中特别优良的种兔组成核心群。

第三次选择，一般在繁殖2～3胎后进行，以后裔测定为主，根据本身的繁殖性能及后裔的生长速度、饲料报酬等进一步评定种兔的优劣情况，将品质特别优良的种兔保存在核心群中，有条件时可组成精选群。

根据实践经验，选择后备种兔群时，一定要从良种母兔所产的3～5胎幼兔中选留，开始选留的数量应比实际需要量多1～2倍，而后备公兔最好应达到10∶1或5∶1的选择强度。

3. 选种指标 近几年来，各国都相继制订了各种指标和要求，特别是母兔的繁殖参数和肉兔的育肥指标更为严格。

（1）繁殖参数 见表4-1。

表4-1 母兔的主要繁殖参数

生产指标	最低水平	最佳水平
每只母兔年提供断奶仔兔数（只）	40	50
每个母兔笼位年提供断奶仔兔数（只）	45	55
母兔配种率（%）	70	85
配种母兔分娩率（%）	55	85
平均每胎产仔数（只）	8	9
每胎产活仔数（只）	7.5	8.5
每个母兔笼位年产仔胎数（胎）	6	7.5
两次产仔的间隔时间（天）	60	50
仔兔出生至断奶的死亡率（%）	25	18
每胎平均断奶仔兔数（只）	6	7
每只哺乳母兔哺育断奶仔兔数（只）	6.5	7.5
30日龄断奶仔兔的体重（克）	500	600
断奶幼兔每增重1千克饲料消耗量（千克）	4.5	4
每月母兔淘汰率（%）	8	5

（2）肥育指标　见表 4-2。

表 4-2　肉兔的肥育指标

生产指标	最低水平	最佳水平
生长速度（克/日）	33	38
饲料转化率（饲料重/增重）	3.5	3
屠宰日龄（天）	80	75
屠宰率（%）	58	62
死亡率（%）	7	4
100 只母兔每周提供屠宰兔数量（只）	70	100

（二）选配

种兔优良，不一定其后代就优良，因为后代的优劣既取决于双亲的品质，还取决于双亲配对是否适宜。选配就是有目的、有计划地选择公母兔进行配种繁殖，目的在于获得变异和巩固遗传特性，以便逐代提高兔群品质。选配方法可分为表型选配、亲缘选配和年龄选配。

1. 表型选配　又称品质选配，就是根据外表性状或品质选择公、母兔配种的方法，它又包括同质选配和异质选配两种。

（1）同质选配　就是选择性状相同，性能一致或育种值相似的优秀公、母兔交配，以期获得优秀后代。例如，选择产肉性能都很好的公、母兔交配，以使这些优良性能在后代中获得进一步的巩固和提高，但同质选配也会使不良品质或缺陷在后代中得到巩固，因而不能选择具有同样缺点的公、母兔进行交配。

（2）异质选配　有两种情形：一种是选择具有不同优良性状的公、母兔交配，目的是获得兼有双亲不同优点的后代。例如，选择产肉性能高的公兔与产仔性能好的母兔交配。另一种是选择同一性状但优劣程度不同的公、母兔交配，目的是使后代在此性状上获得较大的改进和提高，实际上是一种“改良选配”。例如，选择繁殖性能好，但生长速度较慢的本品种母兔与体型大、生长快的良种公兔配种，可获得体型大、生长快、繁殖力强、适应性好的后代。

2. 亲缘选配 是根据配种双方有无亲缘关系的一种选配方法。一般是将七代以内有共同祖先的公、母兔配对，否则是非亲缘选配。亲缘选配可以稳定品种的遗传性，巩固优良性状，迅速扩大优良种兔群数量。但也会带来繁殖力下降，后代生活力降低等不良影响。据报道，在肉兔繁育中，近交系数增加10%，就会使每窝断奶仔兔数减少0.37只。资料表明，近交对繁殖性能的危害最为突出。因此，在生产实践中应尽量避免三代以内有亲缘关系的公、母兔配种，以免后代产生各种近交衰退现象。

3. 年龄选配 就是根据公、母兔年龄进行选配的一种方法。种兔年龄对繁殖性能有明显的影响，一般以1～2岁的壮年公、母兔配种效果最好。在生产实践中，通常主张壮年公兔配壮年母兔、壮年公兔配青年母兔或壮年公兔配老年母兔；严禁采用青年公兔配青年母兔，或青年公兔配老年母兔，老年公兔配青年母兔或老年公兔配老年母兔。

三、肉兔的繁育体系和繁育方法

（一）繁育体系

我国的肉兔品种繁育体系是由原种兔场、种兔场和商品兔场三级组成。

1. 原种兔场 在家兔育种工作中搞得较好，技术力量较强，基本设备较全的地区或单位，或者已经建立了种兔场，并培育出了肉兔新品种，经过整顿、选育之后，可逐步建成原种场，如塞北兔、哈尔滨白兔等。原种场的规模宜小不宜大，具有一定数量的基础母兔，年产一定批量的种兔即可。其主要任务是培养纯种兔，负责向全国各地提供符合品种要求的良种兔。

2. 种兔场 在饲养肉兔比较集中的县、市，可根据需要建立具有一定规模的种兔场，其种兔来源可从原种场选购，但要采取纯种繁育的方法繁殖纯种兔，供应各养兔单位或养兔户。

种兔场的规模一般可超过原种兔场，而且可选购数个品种进行饲养。这类兔场除出售种兔外，还可出售一部分商品兔。但饲养管理和经营方式，都要符合种兔场的要求。

3. 商品兔场 一般养兔场或养兔户经营的多为商品兔场。按照种兔的更新制度，定期选购符合品种要求的良种兔进行饲养，除极少数留种选育外，绝大部分作商品兔出售，供应市场。

商品兔场的规模可根据各自的饲养条件而定，引进的良种兔除一部分进行纯种繁殖外，大部分可采用杂交方式进行配种，利用杂种优势生产大批体质健壮，生长发育快，适应性好，抗病力强的杂种后代，以供市场销售。

（二）繁育方法

1. 纯种繁育 又称本品种选育。是指同一品种内进行的繁殖和选育，其作用和目的是为了保持和发展该品种的优良品质，克服缺点，增加品种内优秀个体的数量。

纯种繁育主要用于地方良种的选育，外来品种优良性状的保持与提高和新品种的培育。对具有较高生产性能，适应性强，并已能满足社会经济水平要求的肉兔品种均可采用这种繁育方法。一般每个肉兔品种都有几个品系，每个品系除都具备本品种的一般特性外，还具备明显突出的超越本品种特性和特征的优点。品系间也可杂交，可提高兔群的生产性能。因此，品系繁育是纯种繁育中的重要一环，是促进品种不断提高和发展的一项重要措施。品系繁育的方法有四种。

（1）系祖建系 在兔群中选出某只性能特点优良的种公兔作为该品系的系祖，要求该种公兔不仅有独特的遗传稳定性，而且没有隐性不良基因，并选择无亲缘关系，有共同特点的优良母兔5～10只与之交配，且不断地在后代中选种选配，使之保持系祖的优良性能。

（2）近交建系 选择遗传基础较丰富，品质优良的种兔通过高度近交，使加性效应基因累积和非加性效应基因纯合。然后在此基础上选种选配，培育成近交系。其优点是时间短，见效快；缺点是可能使有害隐性基因纯合。

（3）表型建系　根据生产性能和体型外貌，选出基础群，然后闭锁繁殖，经过几代选育就可培育出一个新品系或新品种。这种方法简单易行，养兔专业户即可承担建系育种任务。

（4）正反交反复选择　国外家兔品系繁育常采用此法。根据两个品系或品种正反交杂种后代的生产性能、繁殖性能和生活力等进行选育。例如要选择家兔的多胎性，先将品系A的公兔与本品系B的母兔交配，根据后代AB的产仔数选择A系最好的公兔与本品系的母兔繁殖，如此往复循环，就能得到一个特性已经加强而且与B系的配合力已经过考验的A系。同样，把B系的公兔用A系的母兔进行检验，使B系也得到进一步的改进。

2. 杂交繁育　是指用两个或两个以上的肉兔品种进行交配的方法。不同品种或品系的公、母兔交配称杂交，所生后代称为杂种。这种方法既能育成新品种，又可以提高商品肉兔的生产性能。因为杂交可获得兼有不同品种（或品系）特征的后代，在多数情况下采用这种繁育方法可以产生“杂种优势”，即后代的生产性能和经济效益等都不同程度地高于其双亲的平均值。目前在肉兔生产中常用的杂交方式主要有以下几种。

（1）经济杂交　又称为“生产性杂交”，是指利用杂种优势，以获得具有高度经济利用价值的杂种后代，供商品生产用。杂种是否有优势，是以杂种的生产性能是否高于其双亲品种的平均值来衡量的。杂种优势通常以杂种优势率来表示，它的计算公式是：

$$H=\frac{\overline{F}_1-\overline{P}}{\overline{P}}\times 100\%$$

式中　H——杂种优势率；

$\overline{F}_1$——杂种一代某生产性能的平均值；

$\overline{P}$——两个亲本在某生产性能上的平均值。

两品种（或品系）间的杂交，叫“简单的经济杂交”；三个品种以上的杂交，称“三元或多元经济杂交”，也叫“多品种杂交”。其后代往往表现生活力强，生产性能好。例如，新西兰白兔与加利福尼亚兔杂交后，其后代的生产性能和繁殖性能都高于双亲的平均值（表4-3）。

表4-3　新西兰白兔与加利福尼亚兔的杂交效果

项　　目	新西兰兔	加利福尼亚兔	加公兔×新母兔
每年每只母兔平均产仔数（只）	37.23	37.20	41.34
平均每胎产仔数（只）	8.1	7.9	8.6
平均每窝断奶仔兔数（只）	7.3	7.6	7.8
8周龄平均体重（千克）	1.93	1.68	2.03
料肉比	3.41：1	3.01：1	3.05：1

为生产商品肉兔，应充分利用杂种优势。在选择肉兔杂交亲本时，父本要求生长速度快、料肉比高、胴体品质好、屠宰率高；母本则要求繁殖力高，母性强。但应注意的是：

第一，不是所有杂交都能产生杂种优势，并且杂种优势不仅因杂交组合而有差异，就是在同一杂交组合中，因正、反交不同，也会有不同的效果。因此，在实行经济杂交之前，应进行杂交组合试验。

第二，用于杂交的父本和母本可以是两个外来的优良品种，也可以一个是外来的优良品种，另一个是我国地方品种。

第三，在两个品种杂交后，选择其优秀的杂种母兔，与另一品种公兔杂交，以后各代中，均选择其优秀杂种母兔，轮流与不同的两个或两个以上品种公兔杂交，来生产具有更高杂种优势的商品兔。

（2）引入杂交　又叫导入杂交。当某个品种的品质基本符合要求，但还存在某些不足时，就可采用能弥补这些缺陷的另一品种进行引入杂交。即选择适宜的良种公兔与被改良的本地品种母兔杂交一次，然后从一代杂种中选出优良的公、母兔与原品种回交，再从第二代或第三代中（含外血 1/4 或 1/8）选出理想型个体进行横交固定（图 4-2）。

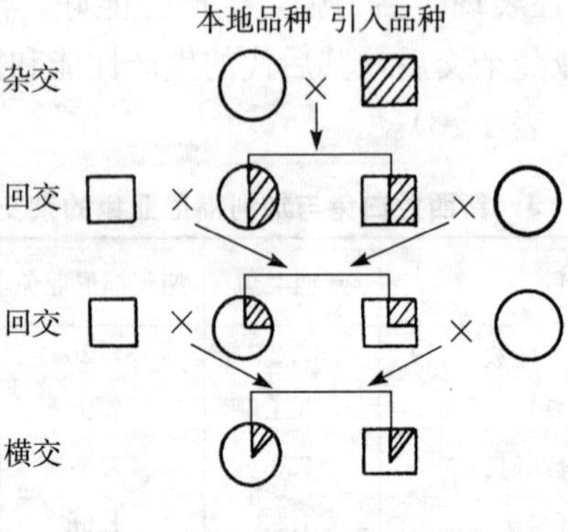

图 4-2 肉兔引入杂交示意图

（3）级进杂交 级进杂交又称改造杂交。一般用外来优良品种改良本地低产品种。具体做法是选用外来优良公兔与本地母兔交配，杂种后代连续与外来优良公兔回交，使当地品种的血缘成分越来越少，改良品种的血缘成分越来越多，达到理想型要求后，停止杂交进行自群繁育（图 4-3）。

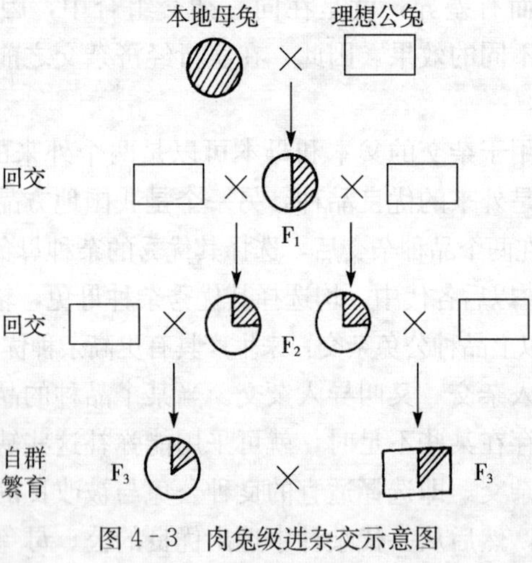

图 4-3 肉兔级进杂交示意图

应该注意，当级进杂交的后代体型和生产性能基本上与外来优良品种相一致时，就要立即停止杂交，改用自群繁育。不应盲目追求级进杂交代数，否则，杂交代数过高，可能会导致生活力和适应性的下降。

（4）育成杂交　主要用于培育新品种，又分简单育成杂交和复杂育成杂交。世界上许多著名肉兔品种都是以育成杂交培育成的，如青紫蓝兔和我国近年育成的哈尔滨白兔等。育成杂交大致可分为三个阶段。

杂交阶段：通过两个或两个以上品种的公、母兔杂交，使各个品种的优点尽量在杂种后代中结合，改变原有肉兔类型，创造新的理想类型。

固定阶段：当杂交后代达到理想型后即可停止杂交，进行横交固定。即选择杂交后代中的优秀个体，进行自群繁育，使理想类型得以固定。

提高阶段：通过大量繁殖，迅速增加理想型数量和扩大分布地区，建立品种的整体结构和提高品种质量，并进行鉴定验收。

四、肉兔的育种日常工作

在肉兔的育种和生产过程中，还必须做好编号、称重、体尺测量、记载和种兔档案管理等工作。

（一）编号

凡留作种用的肉兔，在断奶时都应编号，常用的编号方法有以下三种。

（1）耳标法　铝片制的耳标上有打好的号码，一个人固定兔耳，另一个人用小刀在耳边缘无血管处划一小孔，将铝片穿过小孔，圈成环状，固定在耳朵上即可。但耳标有时会因打斗、碰、挂、咬而脱落。

（2）钳刺法（图 4-4） 这种方法较常用，先将号码在耳朵钳上配好，然后将兔用手或者在保定箱中固定，用耳号钳钳住耳朵内侧中央无毛细血管处，再涂以醋墨，经 20 天后被刺部位出现蓝紫色号码，并保持终身。一般公兔耳号打在左耳，个体号为单数，母兔耳号打在右耳，个体号为双数。

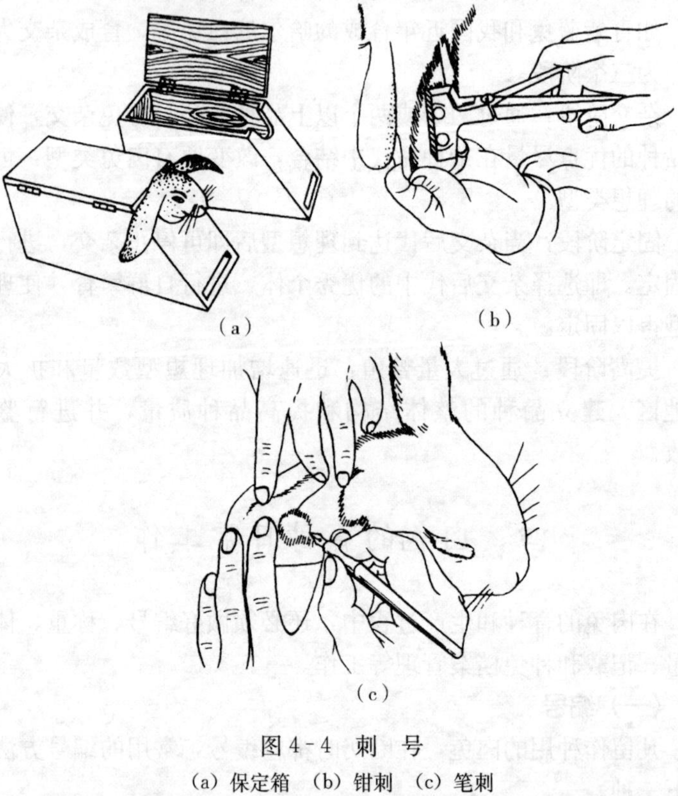

(a) (b) (c)

图 4-4 刺 号

(a) 保定箱 (b) 钳刺 (c) 笔刺

需要说明的是，方法不当，编号码模糊。因此在实际操作中应注意以下几点。

①要选择耳朵内侧无毛细血管部位刺孔，刺时应快而有力。

②醋墨应浓稠，一般的做法是用 2∶8 的醋和墨汁混匀浓缩

后使用。

③尽量选择刺针较粗较密的刺号，使刺号孔较大，以涂进更多醋墨，使字迹清楚。

④涂醋墨时要将兔耳放平，并应及时均匀地涂擦，若耳朵背侧能见到墨汁，说明已涂满整个刺孔。

⑤在 1.5～2 月龄时刺号，其长大后字迹较为清晰，月龄过小刺号，字迹不深。

（3）笔刺法（图 4－4）　用蘸水笔蘸醋墨刺字，可每隔 1 毫米刺一孔，刺时要规整并应刺深，以保持醋墨充满全孔。

（二）称重

为了解种兔的生长发育情况，除称测仔兔的初生窝重及断奶窝重外，幼兔（断奶 1～3 月龄）、青年兔（3 月龄至成年）、成年兔（小型种 4 月龄、中型种 6 月龄、大型种 7 月龄）各自均应在期末称重一次，周岁龄后每年称重一次。所有称重均在早晨空腹时进行，单位以克或千克计。

（三）体尺测量

种兔体尺通常只测定体长和胸围，必要时再测耳长和耳宽。单位以厘米计，测定时间在育成期末（图 4－5）。

体长：指鼻端到坐骨端之间的直线距离，用直尺或卡尺测量。

胸围：指肩胛后缘绕胸廓一周的长度，用卷尺测量。

耳长：指耳根到耳尖之间的距离。

耳宽：指耳朵的最大宽度。

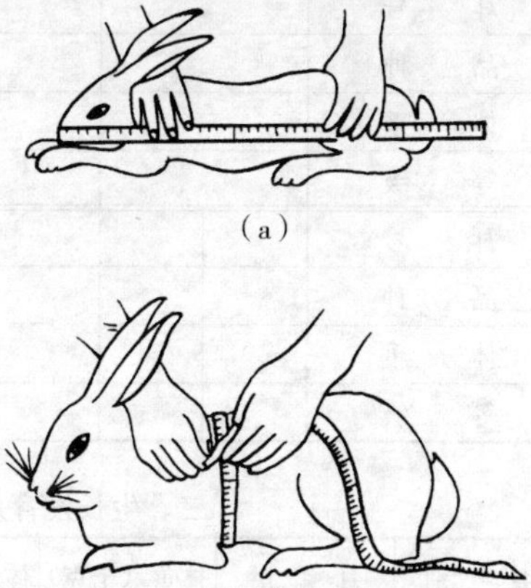

（a）

（b）

图 4－5　肉兔的体尺测量

（a）体长　（b）胸围

（四）种兔档案

种兔档案是育种、繁殖和饲养管理工作中不可缺少的资料，主要靠日常记录来提供。常用的有种兔卡片、种兔配种繁殖记录和体尺、体重测定记录等。

1. 种兔卡片 凡成年公、母兔，均应有记载详细的种兔卡片。主要记录兔号、系谱、生长发育和生产性能等资料（表4-4）。

表4-4 种 兔 卡

品 种		出生日期		初配年龄	
耳 号		毛色特征		初配体重	
性 别		奶头数		来 源	

一、系 谱

项 目	父 系				母 系			
耳 号								
品 种								
体 重								
等 级								
耳 号								
品 种								
体 重								
等 级								
耳 号								
品 种								
体 重								
等 级								

二、生长发育及鉴定记录

年 别	月 龄	体重（千克）	体长（厘米）	胸围（厘米）	鉴定等级

三、产仔哺乳记录

年份	胎次	与配公兔		产仔日期	产仔				断奶		留种仔兔	
		耳号	品种		总数（只）	死胎数（只）	活仔		只数（只）	窝重（克）	公兔（只）	母兔（只）
							只数（只）	窝重（克）				

2. 种兔配种繁殖记录 母兔主要记载配种胎次、配种日期、分娩日期、产仔数、初生重、断奶重等；公兔主要记载初配年龄、体重、配种日期、配种效果等（表4-5，表4-6）。

表4-5 母兔配种繁殖记录

耳号	胎次	配种日期	与配公兔		分娩				断奶			留种	
			耳号	品种	日期	产仔数（只）	活仔数（只）	窝重（克）	日期	只数（只）	体重（千克）	耳号	体重（千克）

表4-6 公兔配种繁殖记录

年份	与配母兔		怀孕母兔		产仔		断奶		备注
	品种	耳号	品种	耳号	总数（只）	体重（千克）	总数（只）	体重（千克）	

3. 种兔生长发育记录 主要记载种兔的初生重、断奶重及3月龄体重，6月龄体重、体尺和成年体重等（表4-7）。

表4-7 种兔生长发育记录

品种	耳号	性别	出生		断奶重（千克）	3月龄重（千克）	6月龄			成年体重（千克）	备注
			日期	体重（千克）			体重（千克）	体长（厘米）	胸围（厘米）		

第五章

肉兔的营养与饲料

一、肉兔的营养需要

肉兔的营养需要，是指保证肉兔健康和充分发挥其生产性能所需要的饲料营养物质数量。肉兔在不同的生理状况下，所需要的营养物质数量是一定的。多了，不仅浪费饲料，增加成本，而且还会给肉兔本身带来不利影响；少了，不利于肉兔生产性能的正常发挥。因此，要想养好肉兔，发挥其最大的生产性能，获得更好的经济效益，必须了解肉兔在不同生理状况下的营养需要。肉兔营养需要按营养物质的种类可分为：能量、蛋白质、脂肪、粗纤维、矿物质、维生素和水等。

（一）能量需要

肉兔的一切生命和生产活动都需要消耗能量，所需能量主要来源于饲料中的碳水化合物、脂肪和蛋白质。其中，碳水化合物中的淀粉和纤维素是最主要的能量来源。尽管肉兔能自动地调节采食量以满足其对能量的需要，但因其消化道的容量有一定的限度，因而其自动调节的能力有限，所以，日粮中能量水平不宜过低。若日粮中能量水平过高，碳水化合物饲料比例过大，则会出现大量易消化的碳水化合物，由小肠进入大肠，引起异常发酵，从而导致消化紊乱，甚至引起消化道疾病（腹泻）。日粮中能量偏高，肉兔会出现脂肪沉积过多而肥胖，对繁殖母兔来说，体脂过高对雌性激素有较大的吸收作用，从而影响繁殖；公兔过肥会造成配种困难等不良后果。据中国农业科学院兰州畜牧研究所推荐，肉兔在自由采食时其日粮可消化能水平为：生长期、妊娠期为10.46兆焦/千克，哺乳母兔及仔兔为11.30兆焦/千克，种公兔为10.04兆焦/千克。

（二）蛋白质需要

蛋白质对肉兔正常生长、繁殖和生产有着极其重要的作用。日粮中蛋白质缺乏时，可使肉兔体重下降，生长受阻，母兔发情不正常，不易受胎，受胎胎儿生长发育不良，初生仔兔生命力差；对公兔则可导致精液品质差，精子数量减少，精子活力差等，不利于肉兔生产性能的发挥。但日粮中蛋白质水平过高，不仅造成浪费，还会产生不良影响：其一，肉兔摄入蛋白质过多，蛋白质在小肠消化不充分，而大量进入盲肠和结肠，使那里的正常微生物区系发生改变，非营养性微生物，特别是魏氏梭菌等病原微生物大量增殖，产生大量毒素，引起腹泻。其二，过多的饲料蛋白质消化产物（氨基酸）在兔体内脱去氨基，并在肝脏合成尿素，通过肾脏排出体外，从而加重了脏器的负担，不利健康。因此，肉兔日粮中蛋白质水平宜适量。中国农业科学院兰州畜牧研究所推荐，每千克风干日粮含粗蛋白质，生长兔为16%～18%，妊娠母兔为15%，哺乳母兔及仔兔为18%，种公兔为18%即可满足需要。

此外，在肉兔日粮蛋白质的供给上应注意必需氨基酸，特别是蛋氨酸、赖氨酸等限制性氨基酸的供给量；还应注意必需氨基酸之间相互颉颃的影响。已证明，胱氨酸含量过高，可阻碍赖氨酸的吸收作用；日粮赖氨酸含量过高，可导致精氨酸缺乏。可见，日粮中必需氨基酸的含量应力求保持平衡。试验证明，在日增重35～40克的育成兔日粮中，应含有精氨酸0.6%，赖氨酸0.65%，含硫氨基酸0.61%。

（三）脂肪需要

兔体脂肪主要由饲料中碳水化合物转化为脂肪酸再合成。脂肪是家兔日粮中不可缺少的成分，尤其是亚麻油酸、次亚麻油酸与花生油酸三种必需脂肪酸，兔体不能合成，必须从饲料脂肪供给。必需脂肪酸缺乏时，会发生生长发育不良，皮肤干燥，脱毛，影响繁殖和泌乳。一位法国家兔营养学家于1980年提出，家兔日粮的脂肪含量：生长兔、怀孕兔维持量均为3%，哺乳母兔为5%。另外，值得注意的是：动物性脂肪不宜用作日粮脂肪的来源，因动物性脂肪可导致肉兔精神不振，屠体脂肪含量增加和蛋白质含量减少，所以，宜在日粮中添加植物性脂肪。

（四）粗纤维需要

尽管肉兔对粗纤维的消化能力较差，但粗纤维对其消化过程具有重要意义。一方面提供能量，饲料粗纤维在大肠内经微生物发酵产生挥发性脂肪酸，在大肠被吸收，在体内氧化产能或用作合成兔体物质的原料。另一方面是维持正常消化机能，未被消化的饲料纤维起着促进大肠黏膜上皮更新，加快肠蠕动，预防肠道疾病的作用。此外，日粮粗纤维是保持食糜正常稠度，控制其通过消化道的时间和形成硬粪所必需。但粗纤维含量过高，不仅会加重消化道负担，而且会削弱日粮中其他营养物质的含量，影响肠道对蛋白质、脂肪、粗纤维及其他营养物质的消化、吸收、利用。据试验，肉兔日粮中适宜粗纤维含量为12%～14%。幼兔可适当低些，但不能低于8%，成年兔可适当高些，但不能高于20%。6～12周龄的生长兔饲喂含粗纤维8%～9%的日粮，可获得最佳生产性能。

（五）矿物质需要

矿物质虽不含能量，但与代谢有密切的关系，是生命过程中所必需的物质。矿物质是构成兔体组织和细胞，特别是形成骨骼的重要成分，它可调节体液渗透压，维持血液的酸碱平衡，影响其他物质在体内的溶解度，有的对酶有催化作用等。目前，肉兔对矿物质的需要量和有毒量还不清楚，一般供给和其他家畜一样的最低水平。

1. 钙、磷和钙、磷比例 中国农业科学院兰州畜牧研究所推荐，肉兔日粮中适宜含钙量为：生长兔 0.5%，妊娠母兔 0.8%，哺乳母兔及仔兔 1.1%；日粮中磷含量分别为：0.3%、0.5%和 0.8%。日粮中磷要低于钙，钙、磷比例推荐量为 1.5～2∶1。

2. 钠和氯 氯和钠对体内酸碱平衡和体液渗透压起重要作用，并参与水的代谢。长期缺乏，引起食欲减退，被毛粗糙，生长迟缓，饲料利用率降低。肉兔对食盐的需要量以占日粮的 0.5%～1%为宜。

3. 钾 钾在维持细胞内液渗透压和神经兴奋的传递过程中起着重要作用。肉兔缺钾会产生严重的进行性肌肉营养不良等病理变化。钾是钠的颉颃物，据测定，日粮中钾与钠的比例以 2～3∶1 对机体最有利。常用的兔饲料中富含钾，一般不需补钾。钾的适宜含量为 0.6%～1.0%。

4. 锌 锌分布于机体的所有组织中，以肌肉、肝脏、皮毛等含量最高。肉兔缺锌会减少采食量，繁殖力减退，毛皮粗劣，口腔溃疡。一般肉兔可从饮水和饲草中获得足够量的锌。锌的适宜含量为每千克日粮 50 毫克。

（六）维生素需要

维生素是一类低分子有机化合物，在体内含量甚微，但具有重要的生理功能，缺乏时，会使肉兔生长缓慢、停滞、繁殖力下降，抗病力减弱，甚至死亡。肉兔大肠微生物能利用食糜有机物合成维生素 K 和 B 族维生素，通过食粪途径，全部或部分地满足需要。此外，肉兔的皮肤在光照下，能合成维生素 D，满足其部分需要。肉兔所需要的其他维生素则依赖饲料供给。

1. 维生素 A 维生素 A 仅存在于动物体，植物中含有维生素 A 原（胡萝卜素）。胡萝卜素进入肉兔的小肠壁、肝脏和乳腺内时，经胡萝卜素酶的作用转变为具有活性的维生素 A。维生素 A 缺乏时，母兔性机能紊乱，公兔精液品质下降，幼兔生长缓慢，运动失调，结膜干燥，产生视觉障碍。据研究，肉兔对维生素A的需要量为：母兔生长期及种用公兔每千克日粮含维生素A 580国际单位，繁殖母兔1 160国际单位。

2. 维生素D 维生素D能促进钙磷的吸收和在骨中的沉积，缺乏时可引起佝偻病和软骨病，但日粮中维生素D含量过高可引起中毒，使软组织发生钙化。一般经日光晒制的干草含有较多的维生素D，青草中的麦角固醇，肉兔皮肤中的胆固醇，经阳光照射后可转变为维生素D原，吸收入血液后所起的作用与维生素D相同。所以肉兔一般不缺乏，但肉兔笼养时应注意补充维生素D，尤其在冬季，添加量一般为每千克日粮含900～1 000国际单位。

3. 维生素E 又称生育酚，在体内主要作为生物催化剂和抗氧化剂，保护细胞膜。缺乏时肉兔表现为肌肉营养不良，心肌变性，脂肪肝，幼兔瘫痪，种兔不育和新生仔兔死亡等。肉兔的维生素E需要量与许多因素有关，如日粮中不饱和脂肪酸含量高和硒含量低，维生素A含量过高及肉兔发生球虫病等，肉兔对维生素E的需要量均增加。因此，肉兔对维生素E的确切需要量较难制订，一般认为，每千克日粮含40毫克便可满足需要。

维生素K、B族维生素及维生素C，肉兔可自身合成，一般不需补充。

（七）水的需要

水虽不是营养物质，但对兔的生命活动必不可少。实践和试验证明，饮水不足会严重影响肉兔的生产效率。如母兔分娩时缺水会发生母兔残食仔兔；泌乳期缺水会减少乳汁分泌；夏季缺水易发生中暑；患病时缺水，尤其是腹泻时，易发生脱水而死亡。因此，饲养过程中应注意供给肉兔充足的饮水。据试验，肉兔的需水量一般为采食干物质量的1.5～2.5倍，每天每只每千克体重的肉兔需水量为100～120毫升。

二、肉兔的常用饲料

（一）常用的饲料种类及特点

1. 青绿饲料　青绿饲料是来源广泛而且很经济的一种主要饲料。这类饲料的主要特点是：干物质中含丰富的粗蛋白质、维生素和矿物质，适口性强，易消化吸收，成本低，营养全面，但含水量高，体积大。肉兔常用的青绿饲料主要包括栽培青饲料、野草、树叶等。

（1）栽培青饲料　有豆科牧草如苜蓿、三叶草、毛叶苕子、紫云英、黑麦草、野豌豆等，这类饲料的适口性好，含优质蛋白高；禾本科牧草如燕麦草、扁穗鹅冠草等；蔬菜如胡萝卜叶、甘蓝、菠菜、白菜等，因蔬菜水分含量高，需晾干萎软后再喂。

（2）野草　应选择叶多而纤维较少的野草。常用的有：蒲公英、车前草、野荠菜、刺儿菜、马齿苋、艾蒿等。

（3）树叶　可选用蛋白质含量高且营养价值高的树叶，如槐树叶、桑叶和椿树叶等。

2. 多汁饲料　主要指块根、块茎及瓜类饲料。如胡萝卜、萝卜、甘薯、马铃薯、南瓜等。这类饲料的特点是：嫩而多汁，适口性好，营养丰富，便于贮藏，在冬季枯草季节，可弥补青饲料的不足。尤其是胡萝卜，不仅适口性好，而且具有较好的调养作用。哺乳母兔供给适量的多汁饲料可提高泌乳量，促进仔兔生长；对繁殖母兔则具有促进发情，提高受胎率的作用。值得注意的是，块根块茎类和瓜类有轻泻作用，饲喂时不宜过量，应与青干饲料结合供给。

3. 粗饲料　是指按绝干物质计算，粗纤维含量在18%以上的饲料。其特点是：体积大，能量、蛋白质和维生素含量低（豆科牧草除外）。其营养价值受品种、收获期、晾晒和贮存方法等的影响。一般在抽穗期和开花初期收割为宜，晾晒时不要暴晒过分或雨淋。

肉兔常用的粗饲料有两类，即稿秆类和干草类。稿秆类饲料有玉米秸、花生秧、甘薯藤、豆秸等；干草类饲料有人工栽培干草、野青干草和干树叶等。

4. 能量饲料　有人将粗纤维含量在18%以下或可消化能在10.46兆焦/千克以上的饲料称为能量饲料，并以12.55兆焦/千克为衡量尺度，区分为高能饲料和低能饲料。肉兔常用的能量饲料有大麦、小麦、玉米和稻谷等。

5. 蛋白质补充料　是一些富含蛋白质而有效能含量达到能量饲料标准的饲料，通常作为蛋白质补充料。根据其来源可划分为植物性和动物性两类。

植物性蛋白质补充料主要包括豆科子实及其加工副产品豆饼类。豆类子实中，蛋白质含量达20%～40%，可消化能含量显著高于禾本科子实，赖氨酸含量高而含硫氨基酸含量较低。豆饼类的蛋白质含量和有效能含量均较高。由于豆饼来源丰富，适口性较好，所以是肉兔配合饲料中最常用的蛋白质补充料，菜子饼和棉子饼因含有毒成分，一般很少喂兔。

动物性蛋白质补充料包括鱼粉、肉骨粉、蚕蛹粉和血粉等。这类饲料蛋白质含量可高达55.6%～84.7%，必需氨基酸含量高且较平衡，但适口性较差，肉兔不喜欢采食，故在饲料中的含量一般控制在3%。

6. 矿物质饲料　一般天然牧草、野草、谷物类和豆科类饲料中含的矿物质基本上能满足兔的需要，尤其是日粮中含有大量豆科牧草时，一般不缺乏。但当日粮缺乏豆科牧草，而以禾本科牧草为主时，需补充矿物质。肉兔常用的矿物质补充料有食盐、骨粉和石粉。食盐用量一般占配合饲料的0.5%～1.0%，用量过大易引起中毒；当日粮中缺少钙、磷时，可补充骨粉，用量一般为2%～3%。

7. 添加剂饲料　是指添加于配合饲料中的某些微量成分，

对提高兔群健康、促进生长、繁殖等均有明显作用，常用的有以下几种。

（1）氨基酸添加剂　常用的有赖氨酸和蛋氨酸，添加量应据饲料配方和肉兔营养需要确定，缺多少添加多少。

（2）微量元素添加剂　常用的有硫酸铜、硫酸锰、硫酸锌、硫酸亚铁和亚硒酸钠等。

（3）维生素添加剂　常用的有维生素A、维生素D和维生素E。肉兔饲料中应用最多的是多维素。

（4）生长促进剂　常用的有喹乙醇（出口禁用）和抗生素等。据试验，日粮中加入四环素、金霉素（出口禁用）或维吉尼亚霉素，对肉兔有明显促生长作用；每千克日粮中加入50毫克杆菌钛锌盐，能降低肉兔肠炎的发病率；每吨日粮中加入90克喹乙醇，能明显促进肉兔生长和降低腹泻发病率。

（5）驱虫保健添加剂　常用的有氯苯胍、磺胺喹噁啉、磺胺二甲基嘧啶等。据报道，日粮中加入0.05%～0.10%磺胺二甲基嘧啶，或在饮水中加入0.02%的磺胺甲基嘧啶，或加入0.02%～0.05%的磺胺喹噁啉，均能有效控制肉兔球虫病。另外，洋葱、大蒜、韭菜等亦有防治消化道疾病和球虫病的功能。

综上所述，饲料添加剂对肉兔的生长、饲料转化及疾病防治等均有一定的作用。添加时应遵循肉兔饲养标准，缺什么补什么，缺多少补多少，不能滥用乱用。尤其是抗生素之类，长期使用会产生抗药性，并能够抑制盲肠微生物的活动。因此，使用时应特别注意。

（二）饲料中的有毒成分

在有些肉兔常用饲料中含有某些有毒成分，当有毒成分低于中毒临界水平时，不会引起不良后果，若高于临界水平，则会危害肉兔的健康，甚至造成中毒和死亡。因此，有必要了解饲料有毒成分的性质和含量。

1. 胰蛋白酶抑制因子　这类物质在生化结构上是由氨基酸

残基组成的多肽，在胃内不被破坏，进入小肠后与胰蛋白酶结合形成复合物，使胰蛋白酶失去活性，从而阻碍了蛋白质的消化。另外，该复合物在小肠中不被分解，进入大肠后可被微生物降解，或由粪便排出体外，从而使兔体丧失大部分蛋白质。肉兔常用饲料中，大豆的胰蛋白酶抑制因子含量特别高（可达 10.7 微克/克）。若肉兔长时间饲喂生大豆，可发生胰腺代偿性肿大和蛋白质消化不良现象。高温处理可破坏胰蛋白酶抑制因子，如热榨豆饼中胰蛋白酶抑制因子可降低到 3.4 微克/克，大豆煮熟可基本消除该物质。

2. 致甲状腺肿物质　芥子甙在饲料或动物体内芥子甙酶的作用下，可产生阻止甲状腺利用血液中的碘离子的物质，使甲状腺素合成受阻，引起甲状腺肿大和机体代谢紊乱。菜子饼虽然营养丰富，但其芥子甙含量高达 10%～13%，且目前的处理排毒方法的效果及经济意义不理想，所以菜子饼的实用价值不大。此外，卷心菜和花椰菜等青饲料中也含有致甲状腺肿物质，饲喂时应适量。

3. 棉子酚　可使肉兔体组织受损并降低繁殖机能。棉子饼中棉子酚含量为 0.07%～0.24%，使用时应进行去毒处理。处理方法：

（1）将棉子饼粉用水煮沸，并保持沸腾半小时，冷却后饲喂。

（2）向棉子饼粉中加入与游离棉酚等量的硫酸亚铁，拌匀后直接与其他料混合饲喂。

棉子饼在日粮中的水平不宜超过 10%。

4. 植物性血凝素　该物质可引起肉兔肠黏膜损伤和阻碍营养物质的吸收。主要存在于豆科植物中，但经热处理后可被破坏。

5. 草酸盐　在消化道内，草酸可与钙结合成不溶性草酸钙，阻碍钙的吸收，在兔体血液内，草酸可与血清钙结合，使血钙水平迅速下降，引起肌肉痉挛等症状。因此，对富含草酸盐的青绿饲料，应控制饲喂量，以免发生低钙症。在肉兔常用的青绿饲料中，苋菜和菠菜的草酸盐含量较高，饲喂时应注意。

6. 霉菌毒素 在肉兔饲养中，还必须注意防止饲料霉变。一些富含蛋白质的饲料霉变后易生成黄曲霉、灰曲霉等，从而产生黄曲霉素，引起肉兔中毒，表现为食欲和饮水废绝，脱水，昏睡，继而发展为肝脏受损和黄疸。有些谷物饲料霉变后可产生橘霉素、柠檬色霉素、T_2毒素和玉米赤霉烯酮等毒素，引起肉兔肾脏和肝脏损害，繁殖机能降低，甚至死亡。三叶草在发生霉菌生长时，可使所含的香豆素转化成双香豆素，造成维生素K缺乏。此外，麦角也是一种常见的霉菌性毒素，可危害中枢神经系统和平滑肌，造成血液循环障碍，病兔表现为跛行和四肢疼痛等症状。

三、肉兔常用饲料的营养成分

饲料营养成分因品种、产地、收获时期、加工方法、保存条件等不同而有很大差异，常用饲料成分及营养价值见附表2。

四、肉兔的饲养标准与日粮配合

(一) 饲养标准

饲养标准是根据不同年龄、体重、生理特点和生产性能所制订的每只兔每天所需要的各种营养物质数量。依据饲养标准配合日粮，既能经济有效地利用日粮，还能充分发挥肉兔的生产潜力和提高经济效益。

1. 美国肉兔饲养标准 美国肉兔饲养标准是根据美国国家研究委员会（N. R. C)，1977年修订的饲养标准，其营养量略高于其他饲养标准（表5-1)。

表 5-1　美国肉兔饲养标准

养　　分	成年兔、未孕兔、妊娠初期母兔	妊娠后期母兔 泌乳带仔母兔	生长兔 育肥兔
总消化养分（%）	65	70～80	80
消化能（兆焦/千克）	11.42	12.30～14.06	14.06
粗蛋白质（%）	12～16	17～18	17～18
粗脂肪（%）	2～4	2～6	2～6
粗纤维（%）	12～14	10～12	10～12
钙（%）	1.0	1.0～1.2	1.0～1.2
磷（%）	0.4	0.4～0.8	0.4～0.8
食盐（%）	0.5	0.65	0.65
镁（%）	0.25	0.25	0.25
钾（%）	1.0	1.5	1.5
锰（毫克）	30	50	50
锌（毫克）	20	30	30
铁（毫克）	100	100	100
铜（毫克）	10	10	10
蛋氨酸+胱氨酸（%）	0.5	0.56	0.56
赖氨酸（%）	0.6	0.80	0.80
精氨酸（%）	0.6	0.80	0.80
维生素 A（国际单位）	8 000	9 000	9 000
维生素 D（国际单位）	1 000	1 000	1 000
维生素 E（毫克）	20	40	40
维生素 K（毫克）	1	1	1
烟酸（毫克）	30	50	50
胆碱（毫克）	1 300	1 300	1 300
维生素 B_6（毫克）	1	1	1
维生素 B_{12}（毫克）	10	10	10

2. F. Lebas 饲养标准 1981年，F. Lebas 在联合国粮农组织召开的养兔专家咨询会议上介绍的“各类兔的饲养标准”（表5-2）。

表5-2 F. Lebas 各类兔的饲养标准

养分	生长兔	哺乳兔	妊娠兔	成年兔	育肥兔
消化能（兆焦/千克）	10.46	11.30	10.46	9.20	10.46
粗纤维（%）	14	12	14	15～16	14
粗脂肪（%）	3	5	3	3	3
粗蛋白质（%）	15	18	15	13	17
钙（%）	0.5	1.1	0.8	0.6	1.1
磷（%）	0.3	0.8	0.5	0.4	0.8
钾（%）	0.8	0.9	0.9	—	0.9
钠（%）	0.4	0.4	0.4	—	0.4
氯（%）	0.4	0.4	0.4	—	0.4
镁（%）	0.03	0.04	0.04	—	0.04
硫（%）	0.04	—	—	—	0.04
钴（毫克）	1	1	—	—	1
铜（毫克）	5	5	—	—	5
锌（毫克）	50	70	70	—	70
铁（毫克）	50	50	50	50	50
锰（毫克）	8.5	2.5	2.5	2.5	8.5
碘（毫克）	0.2	0.2	0.2	0.2	0.2
维生素A（国际单位）	600	1 200	1 200	—	1 000
维生素D（国际单位）	90	90	90	—	90
维生素E（毫克）	50	50	50	50	50
维生素K（毫克）		2	2	—	2
蛋氨酸+胱氨酸（%）	0.50	0.60	—	—	0.55
赖氨酸（%）	0.60	0.75	—	—	0.70

（续）

养　分	生长兔	哺乳兔	妊娠兔	成年兔	育肥兔
精氨酸（%）	0.9	0.8	—	—	0.9
苏氨酸（%）	0.55	0.70	—	—	0.60
色氨酸（%）	0.18	0.22	—	—	0.20
组氨酸（%）	0.35	0.43	—	—	0.4
异亮氨酸（%）	0.60	0.70	—	—	0.65
苯丙氨酸＋酪氨酸（%）	1.20	1.40	—	—	1.25
缬氨酸（%）	0.70	0.85	—	—	0.80
亮氨酸（%）	1.50	1.25	—	—	1.20

3. 杭州养兔中心建议的饲养标准　目前我国养兔生产中大多采用“青粗饲料＋精料”的饲养方式，为适应这种需要，杭州养兔中心种兔场提出了“各类兔建议饲养标准”（表5-3）和“精料补充料建议养分浓度”（表5-4）。

表5-3　各类兔建议饲养标准

养　分	生长兔	妊娠兔	哺乳兔	成年兔	生长育肥兔
消化能（兆焦/千克）	12.56	11.30	12.54	11.72	12.97
粗蛋白质（%）	18	17	20	17	18～19
粗脂肪（%）	3～5	3～5	3～5	3～5	3～5
粗纤维（%）	9	10	8	10	8
钙（%）	1.0～1.2	0.5～0.7	1.0～1.2	0.6～0.8	1.0～1.2
磷（%）	0.6～0.8	0.4～0.6	0.8～1.0	0.4～0.6	0.8～1.0
蛋氨酸＋胱氨酸（%）	0.8	0.75	0.8	0.7	0.7
赖氨酸（%）	1.0	0.9	1.1	0.8	1.1
食盐（%）	0.5～0.6	0.5～0.6	0.5～0.6	0.5～0.6	0.5～0.6

表 5-4　精料补充料建议养分浓度

养　分	生长兔	妊娠兔	哺乳兔	成年兔	生长育肥兔
消化能（兆焦/千克）	10.46	10.46	11.30	9.20	11.30
粗蛋白质（%）	16.5～17.0	16.0～17.0	18.0～18.5	15.0	15.0～16.0
粗脂肪（%）	3.0～3.5	3.0～3.5	3.0～3.5	2.0	3.0
粗纤维（%）	13～14	13～14	11～12	14	14～15
钙（%）	1.0	1.0	1.0	0.6	0.6
磷（%）	0.5	0.5	0.5	0.4	0.4
蛋氨酸+胱氨酸（%）	0.5～0.6	0.4～0.5	0.6	0.3	0.6
赖氨酸（%）	0.6～0.8	0.6～0.8	0.6～0.8	0.6	0.6
食盐（%）	0.5	0.5	0.5～0.7	0.5	0.5
维生素 A（国际单位）	6 000～8 000	6 000～8 000	8 000～10 000	6 000	6 000
维生素 D（国际单位）	1 000	1 000	1 000	1 000	1 000

（二）日粮配合

日粮是指每只肉兔一昼夜所采食的各种饲料量。日粮配合就是根据饲养标准，按不同年龄、体重、生理状态对营养物质的需要数量，采用多种饲料搭配而成的配合饲料。

1. 日粮配合的一般原则　肉兔的日粮配合应依据以下原则。

（1）符合饲养标准　依据肉兔的饲养标准配合日粮，满足肉兔对各种营养物质的需要。

（2）注意饲料的适口性　饲料适口性的好坏直接影响到肉兔的采食量。饲料的适口性好，肉兔的采食量增加，有利于提高饲养效果；反之，则会降低饲养效果。应选用肉兔喜欢吃的饲料配合成适口性好的日粮。

（3）符合肉兔的消化生理特点　肉兔是单胃草食动物，配合的日粮应以粗料为主，精料为辅，粗纤维含量应有一定的比例。同时还应考虑到肉兔的采食量，容积不宜过大，否则会因营养浓度过低而不能满足其对各种营养物质的需要量。

（4）经济实惠　根据当地饲料资源、价格和营养成分含量，选用来源广泛、价格低廉和营养丰富的饲料，以降低饲养成本。

(5) 饲料品种要多样化　不同种类的饲料，其营养成分差异很大，采用多种饲料搭配，有利于营养物质的互补作用，从而满足肉兔的营养需要。所以，配合饲料一般应选用4～5种以上原料配合而成。

(6) 营养物质含量与有效能水平成一定比例　因为肉兔的采食量是以满足其能量需要为基础，所以，只有营养物质含量与能量需要成一定的比例，才能避免发生采食过量或不足的现象。

(7) 配合日粮应保持相对稳定　据报道，肉兔能感觉出饲料成分的微小变化，所以，组成日粮的成分应相对稳定，如需改变，应逐步进行，否则可能影响采食和产生消化不良现象。

2. 日粮的配合方法　日粮配合的方法很多，目前生产实践中常用的有电脑运算法和手算法。

(1) 电脑运算法　运用电脑制订饲料配方，主要是根据所用饲料的品种和营养成分、肉兔对各种营养物质的需要量及市场价格变动情况等条件，将有关数据输入计算机，并提出约束条件（如饲料配比、营养指标等），根据线性规划原理，就可计算出能满足营养要求而价格较低的最佳饲料配方。

电脑运算法的优点是速度快，计算准确，是饲料工业现代化的标志之一。但需要有一定的设备和专业技术人员。

(2) 手算法配合饲料　手算法包括试差法、四角法和公式法，其中以“试差法”较为实用。现以生长兔饲料配合为例，介绍试差法配合日粮的过程。

第一步，查出营养需要量。根据肉兔营养需要和生产兔场的实践经验，每千克生长兔饲料中应含消化能10.46兆焦，粗蛋白质16%，粗纤维14%，粗脂肪3%，每天每只生长兔约需干物质180克，消化能1 883千焦，粗蛋白质29克，含硫氨基酸1.4克，粗纤维25克，钙1.1克，磷0.7克。

第二步，计算出180克粗饲料所含营养成分。兔用粗饲料应考虑易消化和难消化的粗纤维的来源和比例。根据兔场以往经验及现有饲料条件，易消化的粗饲料用麦麸，约占日粮的15%（180克×15%=27克）；难消化的粗饲料用稻草粉180克-27克=153克。从饲料营养成分表中查出各自的营养成分（表5-5）。

表5-5　粗饲料所含营养成分

饲料种类（克）	消化能（千焦）	粗蛋白质（克）	含硫氨基酸（克）	粗纤维（克）	钙（克）	磷（克）
稻草粉 153	941.0	7	0	45.9	0.40	0.11
麦麸 27	326.4	4	0.2	2.0	0.02	0.23
合计 180	1 267.4	11	0.2	47.9	0.42	0.34

第三步，配平能量需要。试用一部分大麦代替稻草粉，以满足能量需要。大麦可消化能含量为13 514.3千焦/千克，稻草粉为6 150.5千焦/千克，两者相差7 363.8千焦/千克，即用1千克大麦代替1千克稻草粉，可提高能值7 363.8千焦/千克。由第一步、第二步相比可知，消化能尚缺615.6千焦。因此，满足消化能需要的大麦代替量为615.6/7 363.8≈84（克）。

根据以上换算结果，用稻草粉、大麦粉和麦麸配合，其养分平衡状况见表5-6。

表5-6　配平能量后的饲料营养成分

饲料种类（克）	消化能（千焦）	粗蛋白质（克）	含硫氨基酸（克）	粗纤维（克）	钙（克）	磷（克）
稻草粉 69	424.4	3.2	0	20.7	0.18	0.05
麦麸 27	326.4	4.0	0.2	2.0	0.02	0.23
大麦粉 84	1 132.2	8.9	0.3	3.0	0.02	0.27
合计 180	1 883	16.1	0.5	25.9	0.28	0.55

第四步，配平蛋白质需要量。由表5-6可以看出，消化能已基本满足，粗蛋白质尚缺12.9克，故试用能量与大麦相当的豆饼代替部分大麦，以满足蛋白质需要。豆饼蛋白质含量为440

克/千克，而大麦则为 106 克/千克，两者相差 334 克/千克，故满足蛋白质需要量需代替豆饼量为 12.9/0.334≈39（克）。

根据上述换算结果，用稻草粉、麦麸、大麦粉、豆饼粉配合，其养分平衡状况见表 5-7。

表 5-7　配平粗蛋白质后的饲料营养成分

饲料种类（克）		消化能（千焦）	粗蛋白质（克）	含硫氨基酸（克）	粗纤维（克）	钙（克）	磷（克）
稻草粉	69	424.4	3.2	0	20.7	0.18	0.05
麦麸	27	326.4	4.0	0.20	2.0	0.02	0.23
大麦粉	45	606.5	4.8	0.16	1.6	0.01	0.14
豆饼	39	525.7	17.2	0.45	2.1	0.12	0.26
合计	180	1 883	29.2	0.81	26.4	0.33	0.68
占需要量	100(%)	100	101	58	106	30	97

根据上述换算结果，尚缺含硫氨基酸 0.59 克，钙 0.77 克，可直接加入蛋氨酸和碳酸钙配平。另外，为增加肉兔食欲和补充钠的需要量，还需添加食盐 0.5%；为满足生长兔对维生素的需要量，每 50 千克配合饲料需添加多维素 10 克。

按上述“试差法”配成的饲料，其饲料组成比例和营养成分详见表 5-8。

表 5-8　生长兔的日粮配方及主要养分含量

饲　料	配合比例（%）	主要养分	含　量
稻草粉	38	消化能（兆焦/千克）	10.74
麦　麸	15	粗蛋白质（%）	16.0
大麦粉	25	粗纤维（%）	14.6
豆　饼	21	含硫氨基酸（%）	0.8
骨　粉	1.2	钙（%）	0.6
食　盐	0.5	磷（%）	0.4
蛋氨酸	0.3		

3. 日粮配方实例

（1）肉用幼兔全价配合饲料配方　该配方以草粉、大麦、玉米、豆饼、鱼粉等为主。每千克饲料含消化能10.46～10.88兆焦，粗蛋白质15%～17%，粗纤维12%～14%，粗脂肪2.5%～3.5%，钙0.7%～0.9%，磷0.6%～0.8%（表5-9）。

表5-9　肉用幼兔全价配合饲料推荐配方（%）

饲　料	1～3月龄幼兔	3～5月龄幼兔
干草粉	30	40
大麦或玉米	19	24
小麦或燕麦	19	10
豆饼	13	10
麦麸	15	12
鱼粉	2	2.5
肉粉	1	0.5
骨粉	0.5	0.5
食盐	0.5	0.5

注：每吨饲料添加多维素200克，硫酸亚铁100克，碳酸锰25克，碳酸锌14克，硫酸铜3克。

（2）肉用种兔全价配合饲料配方　该配方以混合干草粉、玉米粉、豆饼、麦麸、鱼粉、骨粉等饲料为主。每千克饲料含消化能10.46～11.3兆焦，粗蛋白质15%～18%，粗纤维12%～14%，粗脂肪2.5%～3.5%，钙0.6%～1.1%，磷0.5%～0.8%。广谱饲料饲喂种公兔及繁殖母兔；哺乳母兔饲料可饲喂带仔6～8只的哺乳母兔；浓缩饲料可饲喂瘦弱兔或作“青粗料+精料”饲养方式的精料补充料（表5-10）。

（3）生长育肥兔全价配合饲料配方　该配方以草粉、大麦、玉米、豆饼、鱼粉等饲料为主。每千克饲料含消化能10.46～10.88兆焦，粗蛋白质14%～15%，粗纤维15%～16%，钙

0.5%～0.6%，磷 0.3%～0.4%（表 5-11）。

表 5-10　肉用种兔全价配合饲料推荐配方（%）

饲　料	广谱饲料	哺乳母兔料	妊娠母兔料	浓缩饲料
混合草粉	35	20	28	15
玉米粉	35	40	40	40
豆饼	10	20	15	25
麦麸	12.5	12.5	10.5	5.5
鱼粉	5	4	4	10
骨粉	2	3	2	4
食盐	0.5	0.5	0.5	0.5

注：每吨饲料添加多维素 200 克，氯化胆碱 400 克，硫酸亚铁 100 克，硫酸铜 10 克。

表 5-11　生长育肥兔全价配合饲料推荐配方（%）

饲　料	配方 1	配方 2
优质干草粉	30	20
秸秆粉	10	20
大麦或玉米	16	14
小麦或燕麦	16	14
麦麸	9	9
豆饼	14	18
鱼粉或肉粉（含粗蛋白质 55%～65%）	2	2
饲料酵母或肉骨粉	1	1
骨粉	1.5	1.5
食盐	0.5	0.5

注：每吨饲料添加多维素 200 克，硫酸亚铁 100 克，碳酸钙 25 克，硫酸铜 3 克。

（4）江苏省新沂县冷冻加工厂肉兔饲料配方（大型品种）

幼兔：玉米 20%、麸皮 15%、米糠 15%、豆饼 20%、草粉

25%、骨粉3.5%、食盐1%、生长素0.5%。日喂精料30～50克、青料200～300克。

青年兔：玉米10%、麸皮15%、米糠10%、豆饼25%、草粉35%、骨粉3%、食盐1.5%、生长素0.5%。日喂精料60～80克、青料400～600克。

成年兔（维持）：玉米15%、麸皮20%、豆饼11%、草粉50%、骨粉2%、食盐1.5%、生长素0.5%。日喂精料80～100克、青料700～800克。

配种期种公兔：玉米11%、麸皮20%、豆饼25%、草粉40%、骨粉2%、食盐1.5%、生长素0.5%。日喂精料100～120克、青料600～700克。

怀孕后期母兔：玉米15%、麸皮20%、豆饼25%、草粉34%、骨粉4%、食盐1.5%、生长素0.5%。日喂精料110～130克、青料600克以上。

哺乳母兔：玉米20%、麸皮14%、豆饼25%、草粉35%、骨粉4%、食盐1.5%、生长素0.5%。日喂精料180克、青料800克以上。

五、颗粒饲料

将粉状兔用饲粮加工成颗粒状饲料，是饲料工业中比较先进的加工技术。肉兔是啮齿动物，具有啃咬坚硬食物的习性。实践表明，肉兔对颗粒饲料表现出强烈的嗜好，并能产生明显的增重效益和经济效益。

（一）加工方法及效果

目前常用的颗粒压制机有两种。一种是将风干粉料加适量的水（10%左右）均匀拌和，通过颗粒饲料机压成颗粒状。另一种是将风干粉料通过颗粒机直接压成颗粒状。在颗粒成形过程中，温度上升到95～105℃，能产生以下良好效果。

一是能使饲料淀粉等发生一定程度的熟化，产生较强的香味，提高饲料的适口性。

二是能使谷物、豆饼和大豆中的胰蛋白酶抑制因子等发生变性作用，减少对消化的不良影响。

三是能杀灭寄生虫卵和其他病原微生物，减少各种寄生虫病及消化道疾病。

但是，颗粒饲料加工时增温，可使饲料中维生素遭到一定程度的破坏，据估测维生素损失10%～15%。

（二）成品规格

加工而成的优质颗粒饲料，感官指标应色泽一致，无发霉、变质、结块及异味；水分含量，北方不高于14%，南方不高于12.5%；颗粒长度应控制在10～15毫米，直径为3～5毫米。

（三）应用效果

据一些肉兔养殖场观察，采用颗粒饲料饲喂并充分供给饮水的饲养方法，可产生明显的生产效应。

一是可避免因饲料变化（特别是青饲料）引起的采食减少、消化不良和腹泻等不良现象的发生。

二是控制了寄生虫病，同时消化道疾病的发病率也会明显下降。

三是与饲喂精料加青料相比，减少了饲料浪费。

四是饲喂方便，减轻了饲养人员的劳动强度，提高了劳动效率。

由此可见，由传统的精饲料加青饲料饲喂方式改为颗粒料饲喂，是提高当前肉兔生产水平的有效措施，应广泛推广使用。

（四）贮存保管

为减少饲料的霉变损失，以便能在较长时间内调节使用，颗粒饲料在贮存保管期应做好以下几项工作。

1. 控制含水量　降低、控制饲料中的含水量是安全贮存的关键。在颗粒饲料加工过程中应严格控制水分含量，颗粒饲料出机后要及时冷却，蒸发水分。必要时可在烈日下摊晒，使水分含量降至12.5%以下。

2. 添加防霉剂 雨季加工的颗粒饲料应添加防霉剂，以抑制霉菌及其他微生物的生长繁殖，减少霉菌毒素的污染。目前最常用的防霉剂有丙酸钠、丙酸钙和胱氨醋酸钠等，用量可根据保存期长短、含水量高低酌情添加。防霉剂应在粉料拌和时添加，方可取得良好效果。

3. 贮存室干燥 贮存颗粒饲料的环境应通风、干燥，盛器应干净无毒，最好用双层塑料袋包装（外层用编织袋，内层用塑料薄膜袋）。如存贮期较长，饲料不应直接放置在地上，底层最好能用木条垫起，以防饲料回潮霉变。

4. 缩短贮存期 饲料加工后应立即喂兔，尽可能缩短饲料的贮存期，以减少营养损失和霉菌生长。生产实践证明，随着饲料存放时间的延长，维生素、抗生素等的效力会明显下降，饲料吸湿，微生物生长，容易引起发霉变质。

5. 防止虫害、鼠害 在实际生产中，严重的虫害与鼠害，不仅会吃掉大批饲料，还可能引起饲料的污染变质，特别是鼠害，还有传播病菌的危险。建造仓库时应注意选用能防虫害、鼠害的材料，以防为主，必要时也可使用药剂杀鼠。

第六章 肉兔的快速育肥技术

一、肉兔饲养管理的一般原则

（一）饲养的一般原则

1. 科学选用饲料，以青、粗饲料为主，精饲料为辅 肉兔为草食单胃动物，胃肠发达，小肠和大肠的总长度为体长的10倍。盲肠特别发达，相当于一个大的发酵口袋，繁殖着大量的微生物，能有效地利用饲料中的营养物质。在回、盲肠相接处有特殊的圆小囊（淋巴球囊），具有机械性消化以及吸收和分泌作用。由回肠进入圆小囊的食糜，经发达的囊壁肌肉压榨，小肠消化的最终产物大量被淋巴滤泡吸收，纤维素进入盲肠。圆小囊黏膜不断分泌碱性液体，中和有机酸，以保持盲肠内微生物的适宜环境，促进发酵分解。但由于肉兔是单胃动物，其对粗纤维的消化能力并不太强。因此，根据肉兔的消化特点和生理机能，必须合理供给青、粗饲料，适当搭配精饲料。饲养肉兔的青饲料一定要注意品质和数量。只喂青粗饲料不喂精饲料，会使肉兔生产力低下，还会染病，反之，如果大量投喂精饲料，少喂或不喂青粗饲料，将导致消化道疾病的发生，不利于生长，且成本高，效益低。若经常喂给柔软饲料，门齿生长超过磨损速度，就会影响采食。

据试验，肉兔日粮中青粗饲料应占全部日粮的70%～80%。肉兔采食青饲料的数量，大致为本身体重的10%～30%，体重

3.5～4 千克的成年兔，每天采食的青草量为400～450 克（表6-1）。肉兔具有生长快，繁殖力强，体内代谢旺盛等特点，除保证青粗饲料外，还应适当补喂精饲料。据试验，肉兔日粮中混合精饲料应占全部日粮的20%～30%，体重3.5～4 千克的成年兔，每天补喂的混合精饲料为100～150 克，约占其体重的3%～5%。

表6-1 肉兔每天采食青粗饲料数量

体重（克）	采食青粗料量（克）	采食量占体重（%）	体重（克）	采食青粗料量（克）	采食量占体重（%）
500	153	31	2 500	331	13
1 000	216	22	3 000	360	12
1 500	261	17	3 500	380	11
2 000	293	15	4 000	411	10

2. 多样搭配，相对稳定 肉兔生长发育迅速，繁殖力高，体内代谢旺盛，需要充足的营养。因此，肉兔的日粮应用多种多样的饲料组成。饲料多样化，可取长补短，合理搭配，则营养全面，这对提高饲料蛋白质的利用率有更显著的作用。已经知道，一般植物饲料中蛋白质所含氨基酸都不够全面。例如，常用的禾本科子实及其副产品（麦类、玉米、稻谷等）含赖氨酸和色氨酸较少，而豆科子实及其副产品（大豆、豆粕等）含赖氨酸和色氨酸较多。所以，在生产实践中为了提高饲料的利用价值，经常采用多种饲料搭配使用，这样不但能起到提高日粮蛋白质含量和利用率的作用，而且也能使其他营养物质互补余缺，保证肉兔能够获得全价的营养物质。通常的做法是，若肉兔日粮以禾本科子实及其副产品为主时，要适当加入10%～20%饼类（豆饼、花生饼等）饲料。即使是青粗饲料也应如此，俗话说“若要兔子长得好，饲百样草是诀窍”，就是这个道理。

肉兔日粮多以几种成分组成，且相对固定。但饲料供应常随季节而变化，例如，夏秋季节青绿饲料较多，冬春季节干草和根茎类饲料较多，这种因季节或饲料来源需要变更日粮时，应该掌握逐渐变换的原则，使肉兔消化道有个适应过程，新换的饲料量要逐渐增加，大约经过1周左右的时间，肉兔的消化机能即能逐渐适应新的饲料条件。如果饲料突然改变，往往容易引起肉兔的食欲降低或消化机能紊乱，进而发生腹泻、便秘等胃肠道疾病。

3. 定时定量，添喂夜草　肉兔的饲喂方法有三种：第一种是自由采食，即经常备有饲料和水，任兔自由采食，常用的饲料有颗粒饲料或饲草；哺乳母兔和生长育肥兔多实行这种方法，即不限量喂饲，可提高哺乳性能和生产性能。第二种是分次限量饲喂，即每天定时定量投给饲料，使肉兔习惯在短时间内采食投给的饲料。每天喂兔的饲料数量、饲喂时间、次数和喂饲次序都是一定的，这样可以使肉兔养成良好的采食和排泄习惯，避免浪费，增进食欲，促进饲料的消化吸收，定时定量对于断奶肉仔兔尤为重要。每天喂饲次数，一般成年肉兔为3～4次，青年肉兔为4～5次，幼兔可增加到5～6次。通常精饲料分为两次、青饲料分为三次喂给。第三种为混合饲喂，即基础饲料（青绿饲料，多汁饲料和粗饲料）采取自由采食方式，补充饲料（精饲料或颗粒饲料）采取分次喂给。

据观察，在自由采食的情况下，肉兔每天采食25～30克，每次时间约为5分钟，采食饲料2～8克，各种饲料在家兔消化道内的消化吸收时间很不一样，在胃内的消化时间：块根和蔬菜类为2～3小时；青草类为3～4小时；青贮料为4～5小时；精料为5～8小时；干草类为8～12小时。

根据生产实践，要养好肉兔，应按营养需要和季节特点，制订出喂兔的操作日程，不要忽早忽迟，也不能饥饱不均。在饲喂过程中，要掌握先喂草，后喂料，这样既能让兔吃饱吃好，又能使饲料得到充分消化，提高饲料利用率。一般说来，夏季中午炎热，食欲降低，早晚凉爽胃口较好，给料时要掌握早餐吃得早，中餐精而少，晚餐吃得饱。由于夏季湿度较大，如果青饲料过于鲜嫩，应当补给含粗纤维多的饲料，以免腹泻。冬季夜长日短，要掌握早晨喂得早，中午喂得少，晚上喂得迟而多。在正常情况下，粪便太干，应当增加多汁饲料，粪便太软，适当多喂干粗饲料，减少青饲料供给。

家兔是夜行性动物，夜间采食量很大，其夜间采食量约占全日粮的一半以上，一般在光照开始后 2 小时食量降到最低水平，而在黑夜来临前几个小时明显提高，整个夜间都保持较高的水平。因此，夜间（最好是晚上 9：00 以后）加喂一次饲料，这对肉兔的健康和长膘都有好处，群众有“肉兔无夜草不肥”的说法。需要说明的是，肉兔的采食量是一定的，饲料体积小，营养浓度高和体积大营养浓度小，对肉兔都是不利的。

4. 饲料调制，注意品质 肉兔虽能采食各种饲料、饲草，但对疾病的抵抗力较差，特别容易发生消化道疾病。因此，肉兔对饲料的选择比较严格，凡被践踏、污染的草料，霉烂变质的饲料，一般都不能饲用，所以，饲喂肉兔的饲料必须保持清洁、新鲜。为了改善饲料的适口性和提高消化率，各种饲料在喂饲前必须进行适当地加工调制。

青草和蔬菜类饲料应先剔除有毒、带刺植物，如受污染或夹杂泥沙则应清洗后晾干再喂。水生饲料更要注意清除霉烂、变质和污染部分，晾干后再喂。对含水量高的青绿饲料应与干草搭配饲喂，单喂效果不好。

谷物饲料（大麦、玉米、小麦等）和油饼类饲料均需压碎或压扁，最好与干草粉拌湿或制成颗粒饲料饲喂。

粗饲料（干草、秸秆、树叶等）应先清除尘土和霉变部分，最好粉碎制成干草粉与精料混合拌水或制成颗粒饲料饲喂。

块根类饲料，要经过挑选、洗涤、切碎；最好切成细丝与精料混合喂给；冰冻饲料一定要解冻或煮熟后饲喂。

生产实践证明，青料不可贮存过久，霉烂、霜冻、露水草对家兔都是有害的。仔兔和母兔怀孕期更应重视饲料品质，以免引起肠胃病和流产。此外，注意饲草、饲料品质，还必须做到以下“十不喂”。

一不喂霉烂、变质饲料；

二不喂带泥沙、粪便污染的饲料；

三不喂带雨水、露水的青绿多汁饲料；

四不喂发芽的马铃薯和染上黑斑病的甘薯；

五不喂农药污染的饲料；

六不喂冰冻饲料；

七不喂未经蒸煮或焙炒的豆类饲料（包括生豆饼、生豆渣）；

八不喂有毒植物；

九不喂大量的牛皮菜、菠菜、紫云英等饲料（这类饲料中草酸含量较高，长期大量采食，肉兔容易引起缺钙，特别是哺乳母兔，妊娠母兔更应注意）；

十不喂未经浸泡 12 小时，易引起膨胀的饲料（如豆等）。

5. 根据情况，注意饮水　水为万物之源，饮水对肉兔的生长和健康有明显的影响。饲喂肉兔必须经常注意保持水分的供应，应根据肉兔的年龄、生理状态、季节和饲料特点，制订出一套具体的饮水规程。幼兔处于生长发育旺期，饮水量要高于成年兔，若幼兔的饮水量不足，则生长发育迟缓。妊娠期母兔需水量增加，必须供应新鲜的饮水，母兔产前、产后易感口渴，饮水不足易发生残食或咬死仔兔现象，应及时供给充足的饮水。高温季节需水量大，在中午可加饮一次水。天凉季节，仔兔、公兔和空怀母兔每天供水一次。据测定，在气温 9℃时，体重为 4 千克的成年兔每 24 小时需水 290～300 克，在 28℃时，每 24 小时饮水量增加到 450～500 克。在寒冷地区，冬季最好喂温水，因为冷水易引起腹泻、食欲减退等胃肠道疾病。肉兔饲料中的水分可满足肉兔需水量的 15％～20％，其余的则要通过饮水来补充，若喂粗蛋白质、粗纤维和矿物质含量高的饲料，其需水量就会增加，若饲喂干的混合料，可在早晚喂前各饮一次水。

生长兔对水的需要量，可参考表6-2。

表6-2　生长兔需水量

周　龄	平均体重（千克）	每日需水量（千克）	采食每千克饲料干物质需水量（千克）
9	1.7	0.21	2.0
11	2.0	0.23	2.1
13～14	2.5	0.27	2.1
17～18	3.0	0.31	2.2
23～24	3.8	0.31	2.2
25～26	3.9	0.34	2.2

（二）管理的一般原则

1. 保持卫生，清洁干燥　爱干燥、怕潮湿、喜清洁、厌污秽是肉兔的习性之一。兔舍污秽潮湿，易使病原微生物孳生繁殖，导致疾病蔓延。因此，必须每天打扫兔舍、兔笼，清除粪便，洗刷饲具，勤换垫草，定期消毒，经常保持兔舍和兔笼的清洁卫生、干燥，以增强肉兔体质，预防各种疾病，保持肉兔健康生长，提高生产效益。

2. 保持安静，防止惊吓、兽害　肉兔胆小易惊，听觉灵敏，经常竖耳听声，一旦受惊，就会“惊场”，乱窜不安，引起食欲减退，哺乳兔拒绝哺乳，分娩兔常出现流产，甚至死亡。据试验，饲养在安静兔舍中的3～4月龄青年兔，每月增重可达0.5～0.8千克，而饲养在经常受到骚扰的兔舍中的同龄青年兔，增重很少，甚至无增重。因此，兔场环境应幽静，必须远离车站、机器房或噪音强的地方。在日常的饲养管理工作中要做到轻巧、细致，在接近兔笼、兔舍和兔群时，都要轻手轻脚，保持安静环境。同时，还要注意防御敌害，笼舍要有防止兽害设施，以防止犬、猫、鼠、蛇等的侵袭。

3. 合理分群，便于管理　为了有利于肉兔的生长发育和配种繁殖，并便于管理，对实行群养的肉兔，应按肉兔的品种、年龄、性别、大小、强弱和健康状况进行合理分群饲养。如可分成公兔群、母兔群、青年兔群、幼兔群等，每群以15～20只为宜，种公兔、妊娠母兔、哺乳母兔应单笼饲养。目前，有些地方不按性别、年龄的混合群养法是很不科学的，生产上不便于管理，经济上也会受到一定的损失，应加以改进。3月龄以后的幼兔和留种用的青年兔，随着年龄和体型增大，应由群养逐渐改为笼养，每笼由3～4只逐步改为1～2只。合理地分群与管理，是保证肉兔群健康生长发育的重要措施之一。

4. 适当运动，增强体质　笼养肉兔一般不具备运动条件，在条件许可下，笼养肉兔应补加适当的运动。运动可以促进肉兔新陈代谢，增进食欲，增强体质。运动可使肉兔有机会晒到阳光，促进皮肤合成维生素 D_3，有利于改善钙、磷的代谢，促进钙、磷吸收。运动可使种公兔提高配种能力，减少母兔空怀和死胎，提高母兔受胎率和产仔率。通常是让种公兔、小兔每天自由活动2～3小时，笼养肉兔每周放养1～2次，每次运动的时间不宜过长，以防兔在笼内不安，在运动过程中要注意公母兔分开，防止混交滥配。对殴斗的肉兔应及时剔出，以防致伤。运动结束后应按原编号归笼，不要放错笼位。供肉兔运动的场地应为沙质或水泥场地，地面应平坦，每个运动场地的面积为15～20米^2，四周围以1米高的围栏。

5. 防暑防寒，提高繁殖率　肉兔被毛浓密，汗腺不发达，无法以出汗的形式调节体温，所以怕热。适宜的温度：成年兔15～25℃，仔兔30～32℃。兔舍温度超过25℃就会引起食欲下降，长期高温，不仅影响生长发育和配种繁殖，严重的会引起死亡。因此，在夏季应做好防暑、防湿工作，兔舍门窗应及时打开，以利通风降温，还可加搭凉棚或者在兔舍周围植栽绿色植物，进行遮阳。如果兔舍温度超过30℃，则应在兔笼周围洒水降温，并喂给充足的淡盐水，以补充肉兔体内盐分的消耗。梅雨季节是肉兔发病死亡的高峰，尤其是仔、幼兔，更应加强饲养管理，定期消毒，投服预防性药物。并可沿墙根、笼底撒草木灰或石灰吸湿杀菌。

寒冷对肉兔也有影响，舍温降到15℃以下，会影响繁殖和仔兔成活。在有防风避雨的条件下，成兔能忍受0℃以下的气温；但仔兔忍受不了。因此，冬季做好防寒保暖，补饲谷、麦芽以补充维生素的不足。

（三）一般管理技术

1. 捉兔方法 捕捉家兔是管理上最常用的技术，如果方法不对，往往会造成不良后果。

初学捉兔的人，捉兔时往往只捉提两耳，这是不对的，因为兔耳朵神经敏感，血管丰富，耳朵以软骨支撑，根本不能承担全身重量，捉提时必感到疾痛而挣扎，容易损伤耳根，不但影响以后捕捉，而且还会造成兔耳垂落，影响外貌等级。捕捉兔时也不能倒拉其后腿，因为兔善于跳跃，不习惯头部向下，倒拉后腿容易发生脑部充血，重者可导致脑溢血而死亡。若捉提腰部，容易伤及内脏。体重较大的兔，抓提任何部分的皮肤，会造成局部负重过大，使肌肉与皮层分离，皮肤坏死，影响其生长发育和健康。

正确的捉兔方法是，先用手顺毛反复抚摸，待兔安静时，一只手抓住两耳和颈后皮，轻提起兔体的同时，另一只手立即托住兔的臀部，以减轻颈部拉力，使重量主要落在托臀部的手上，这样既安全，又使兔感到舒适（图6-1）。如从兔笼抓出时，应悬空提起取出，不要强行拉拽。当群养或放牧时，可用特制的网兜捕捉仔兔、幼兔；用钢丝制成有弹性、呈螺旋状的捕捉勺捕中兔、成兔，既安全又迅速。

2. 公母鉴别

（1）初生仔兔 可根据阴部孔洞形状和与肛门之间的距离识

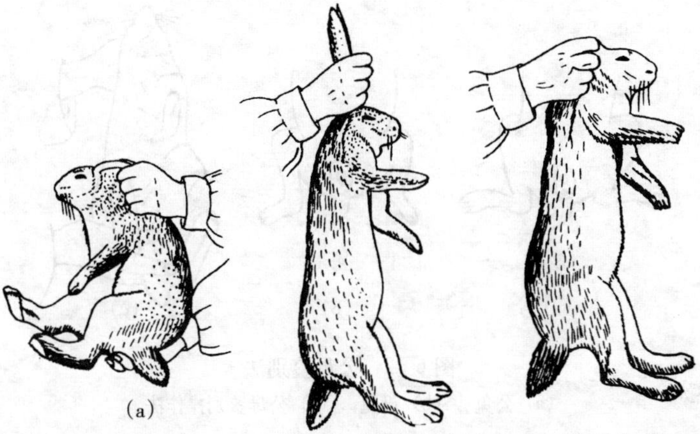

(a)　(b)　(c)

图 6-1　捉兔法

(a) 正确捉兔法　(b)、(c) 错误捉兔法

别，初生雌性仔兔的阴部与肛门间距离较近（约 1.2 毫米），孔洞略成扁圆形，大小与肛门相似；而初生雄性仔兔的阴部孔洞与肛门之间距离较远（约 2 毫米），孔洞呈圆形而略小于肛门。

（2）开眼后仔兔　可直接检查外生殖器（图 6-2）。其方法是，一手抓住仔兔耳颈，另一手托住兔尾，大拇指轻轻向上推开生殖器，局部呈“O”形，下为圆柱体者是公兔；局部呈“V”形，下端裂缝延至肛门者是母兔。

（3）3 月龄以上兔　3 月龄以上的幼兔和成年兔的公母鉴别比较容易。方法是用手打开生殖器，其口部突出呈圆柱形的是公兔；而呈尖叶形，裂缝延至下方接近肛门的是母兔。育成兔和成年兔，检查有无阴囊即可鉴别。

3. 年龄鉴定　在缺少记录的情况下，肉兔的年龄可根据趾爪的长短、颜色、弯曲度、牙齿的颜色和排列、皮板厚薄、眼神、行动等进行鉴别，其中爪的变化与差别是鉴定的重要根据。

青年兔：趾爪及牙齿随年龄的增长而加长。青年兔的趾爪短

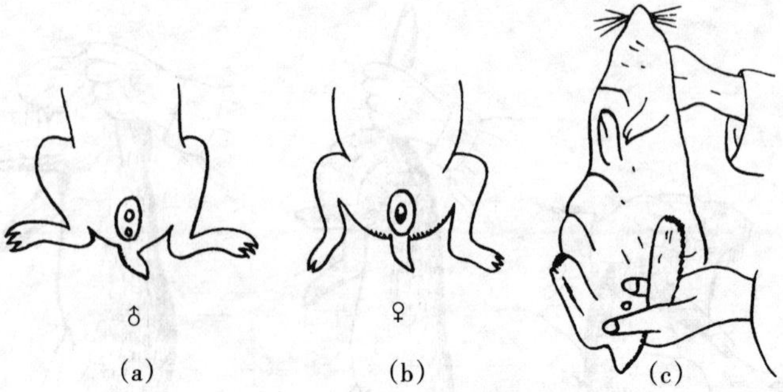

图 6-2 公母鉴别法
(a) 公兔 (b) 母兔 (c) 公母鉴别操作法

而尖直，有光泽，多隐藏于脚毛之中；白色兔趾爪基部呈粉红色，尖端呈白色，红色多于白色。门齿洁白短小，排列整齐。皮肤弹性强，用手摸时感到薄而紧，肌肉硬实。眼睛明亮，活泼好动。

壮年兔：介于青年兔与老年兔之间。趾爪粗细适中，平直，随着年龄增长，逐渐露出脚毛之外，白色兔趾爪颜色红白相等。门齿洁白粗长，排列整齐、皮肤紧密结实。

老年兔：趾爪粗长，爪尖钩曲，有一半趾爪露出脚毛之外，表面粗糙无光泽，白色肉兔趾爪颜色白色多于红色。门齿厚而长，呈暗黄色，时有破损，排列不整齐。皮肤较松弛，用手摸时皮厚而松，肌肉不丰满。目光混浊暗淡无神，行动迟缓、喜卧。

4. 去势 凡不留作种用的公母兔，为使其性情温顺，生长发育快，便于大群育肥，提高皮肉质量，可在2.5～3月龄去势。对淘汰的肉兔种公兔去势，不仅有利于育肥，而且还可大大改善兔肉品质。多数情况下，是将母兔直接育肥，但也有将公兔直接育肥的。下面介绍公兔的去势方法。

(1) 阉割法 将准备阉割的公兔腹部向上，并将四肢分别保定好。术者左手将睾丸由近腹股沟处挤入阴囊，左手大拇指、食指和中指由上向下捏紧固定好睾丸，不使睾丸滑动。用75%酒精消毒切口处，然后用已消毒过的手术刀，将阴囊纵向切开1厘米长小口，并用力挤出睾丸，分离并切断精索，摘除睾丸后在切口处涂碘酊消毒。放入消毒过的清洁兔笼中饲养，2～3天后伤口即可愈合，恢复健康。如无人保定，术者可先将腹部向上，用绳把兔四肢分开绑在凳子上即可施行手术。

（2）结扎法　按上述步骤将睾丸捏紧后，用橡皮筋或缝线将两睾丸连同阴囊扎紧，使血流不通，经10天左右睾丸部分就会枯萎脱落。采用结扎法，有个别公兔发生特有的炎性反应，术后1～2天内，阴囊和睾丸迅速增大7～9倍，但3～5天后肿胀即会减退，20天左右睾丸就会萎缩成硬块。这种方法简单易行，不流血。

（3）化学法　即用化学药物腐蚀杀伤公兔睾丸。具体做法是，将10克氯化钙溶于100毫升蒸馏水中，再加入1毫升甲醛溶液，摇匀过滤后装瓶备用。将3月龄以上需去势的公兔保定好，在阴囊纵轴前方用碘酒消毒后，按公兔体型大小，给每个睾丸注入1～2毫升药液即可。注射后睾丸开始肿胀，3～5天后自然消退，7～10天后睾丸明显萎缩，公兔丧失性欲。也可配制5%碘酒溶液，用注射器抽取1～2毫升药液，从睾丸纵轴前方注入，注入药液后，睾丸肿胀，7～8天睾丸即可萎缩。总之，用化学方法去势简单易行，效果很好。

二、肉兔不同生理阶段的饲养管理

（一）种兔的饲养管理

1. 种公兔的饲养管理　公兔优劣，对兔群的质量影响很大，俗话说：“母兔好，好一窝；公兔好，好一坡。”可见公兔对后代的影响大于母兔。兔是多胎动物，繁殖周期短，一只公兔的后代要比一只母兔的后代多得多。在自然交配情况下，公、母兔比例

1∶10，1只公兔的后代至少有200只。人工授精，影响就更大。因此，首先要加强种公兔的饲养管理。

（1）影响种公兔配种能力的因素　公兔的配种能力表现在两个方面。其一，具有本品种的特征要求，生长发育良好，体质健壮，性欲旺盛，生殖器官发育良好，可以正常配种或供采集精液。其二，精液品质好（精子活力强，密度大），数量多。影响公兔配种能力有以下几个因素。

①营养。营养是维护种公兔生命活动和保证精液品质的物质基础。提供全价均衡营养可以增强种公兔体质，对保证精液品质有着重要作用。

据测定，公兔一次射精量为0.5～2毫升，平均1毫升，每毫升含有精子约几百万个至几亿个不等。如果只从精液量和精子数看，公兔用于这方面营养并不算多，但由于公兔代谢旺盛，在日常饲养管理中，就必须供给足够的能量、蛋白质、维生素和矿物质等。

蛋白质：蛋白质水平直接影响精液的生成和激素、腺体的分泌机能。据试验，长期饲喂低蛋白质日粮，会引起精液品质和数量下降。反之，对精液品质不佳的种公兔，如每天补喂浸泡黄豆20粒或豆饼、花生饼、蚕蛹及豆科牧草紫云英、苜蓿等，能显著提高精液品质和受胎率。在配种期，公兔蛋白质水平应占日粮的14%～15%。年青公兔正处于生长发育阶段，蛋白质水平可以适当提高。此外，对种公兔蛋白质饲料的供应既要考虑氨基酸的平衡，又要兼顾日粮中应含有少量的动物性蛋白质饲料如鱼粉等，因为动物性蛋白质对于精液的生成和作用有更显著的效果。日粮中加入动物性饲料可使精子活力增加并使受精能力提高。

维生素：维生素对精液品质有显著影响。对种公兔来说，主要是维生素A、维生素D、维生素E等。日粮中缺乏维生素时，可使公兔性反射减弱，精液品质降低，母兔受胎率降低，特别是缺乏维生素A时，会引起公兔睾丸精细管上皮变性，精子数减少，畸形精子数增加。如能及时补喂青草、菜叶、南瓜、胡萝卜、大麦芽或多种维生素可得到纠正。

矿物质：矿物质对种公兔的精液品质有明显影响，特别是钙、磷，如果缺乏，可使精子发育不全，活力减弱，公兔四肢无力。日粮中有谷粒等精料供应时，一般不会缺磷，但要注意钙的补充，钙、磷比例应为1.5～2∶1。如在精料中能经常供应2%～3%的骨粉、蛋壳粉或贝壳粉，不会引起钙、磷缺乏症。

对种公兔的饲养，除应注意营养的全面性之外，还要注意营养的长期性，因为精细胞的发育需要较长的时间。实践证明，饲料变动对精液品质的影响很缓慢，对精液品质不佳的公兔改用优质饲料来提高精液品质时，要长达20天左右才能见效。因此，对一个时期集中使用的种公兔，在配种前20天左右就应调整日粮，达到营养价值高、营养物质全面、适口性好的要求。

②年龄。青年公兔身体尚未发育完全，繁殖力较低；壮年（1～2岁）公兔的生殖系统、内分泌系统都已完全成熟，此时繁殖力最高；老年（2.5岁以上）公兔生殖机能衰退，繁殖力降低，如果饲养管理得当，可延长种用年限，种公兔一般使用3～4年。

③配种强度。种公兔配种负担过重，持续时间长，可导致性机能衰退，精液品质下降，排出精液中未成熟精子数增加，母兔受胎率不高。但配种任务过轻，或长期不配，种公兔性兴奋得不到满足，也可使机能降低，影响种公兔的配种能力，这是因为种公兔长期不配，睾丸产生精子的能力减弱，精子活力差，甚至产生畸形精子，死精子数增加。只有合理使用种公兔，才能充分发挥其种用性能。

④季节。种公兔一年四季均可配种，但季节不同效果也不一样。一般春季种公兔性欲强，精液品质好，受胎率高；夏季气温高，种公兔性欲差，常产生死精子或无精子现象，受胎率不高。在我国南方，秋季公兔生殖机能处于恢复期，母兔配种受胎率也

较低。冬季气候寒冷，青绿饲料缺乏，亦影响繁殖。现介绍某兔场不同月份兔配种受胎情况（表 6-3）。

表 6-3　不同月份母兔配种受胎情况

月份	配种只数	受胎只数	受胎率（%）
1	219	135	62
2	132	97	73
3	163	142	87
4	93	85	91
5	62	57	92
6	不配种	—	—
7	83	37	45
8	228	39	17
9	193	70	36
10	195	124	64
11	101	58	57
12	81	47	58

（2）提高种公兔配种能力的方法

①严格选种。繁殖性能是可以遗传的，选作种用的公兔应来自优良亲本的后代，要求生长发育好，体质健壮，生殖系统发育良好，生产性能高。要坚决淘汰不适合种用的公兔。

②精心培育。决定留种的公兔，它的亲代虽然都很优良，本身也发育正常，如果不精心培育，其优良性状仍得不到充分发挥。应该针对留种公兔不同生理时期，如幼年、青年、成年等采用不同的饲养管理措施，使它健康成长，符合种用要求。

③科学饲养。科学饲养是提高种公兔配种能力的重要外界条件。根据公兔不同生理时期的营养需要，配合全价日粮。非配种期应给予种公兔中等营养水平，保持体质强壮，体重相对稳定，保持适度膘情，以不影响种用价值为准。实践证明，此期间的种公兔日粮应以青绿饲料为主，饲喂量每天每只 800～1 000 克，另外搭配少量混合精料，饲喂量为每天每只 30～50 克。冬季适

当加喂胡萝卜和麦芽。饲喂配种期种公兔的日粮应营养全面，体积小适口性好，易于消化吸收。因此，配种旺季，每天每只兔的日粮应补充鱼粉5～7克，胡萝卜100～150克，麦芽30～50克，以及多种维生素和钙磷等矿物质元素，以保证精子活力和受精率的提高。日喂精料量应增加30%～50%，以改善精液品质，同时应提供充足的优质青绿饲料。

饲养中还应注意，无论是配种期还是非配种期，都勿使种公兔过肥或过瘦，如果喂给过多的碳水化合物或脂肪性饲料，又缺乏运动，可使种公兔过肥，失去配种能力；如果配种强度过大，而营养又供应不足，又会使公兔消瘦而无力配种。

④科学管理。留种用的公母兔一般3～3.5月龄时应分笼饲养，以防早配乱交，互相斗殴。公母兔笼应保持一定的距离，以免异性刺激而影响公兔性欲。年青种公兔要适时初配，过早过迟初配都会影响繁殖机能，降低配种能力。通常情况下，大型品种在7～8月龄，体重5～6千克；中型品种在6～7月龄，体重4～5千克；小型品种在4～5月龄，体重2～2.5千克时方可参加配种。一般以一天配种一次为宜，连续4～5天休息1天。初配的青年种公兔隔天一次，连续2～3天休息1天；成年种公兔每天配种一次，连续3～4天休息1天，1天最多配种两次，上下午各一次，连续2天休息1天。喂料前后半小时内不要配种或采精。使用次数过多，影响精液品质及使用年限。

适当运动，可增加种公兔体质，保持种用状况。如果条件许可，种公兔每天可出笼或在舍外运动1～2小时，并让其多晒太阳。配种时应把母兔提到公兔笼内，以保持环境不变。换毛期的种公兔不宜配种，因为换毛期消耗营养较多，体质较差，如果配种，会影响种公兔健康和母兔受胎率。夏季高温季节有条件的可适当安排配种。配种期还要加强对种公兔的健康检查，发现食欲不振，粪便异常，精神萎靡，应立即停止配种，采取防治措施。定期检查生殖器，如发现有炎症或其他疾病时，应及时治疗。

2. 种母兔的饲养管理 母兔是兔群的基础，养好种母兔的目的在于提供数量多、品质好的仔兔。要想发展肉兔生产，必须加强对空怀、妊娠、哺乳母兔的饲养管理。

（1）空怀母兔的饲养管理 母兔空怀期是指仔兔断奶到再次配种怀孕的一段时期。母兔经过30～40天的哺乳，体内养分消耗很大，体质比较瘦弱。为了使母兔尽快恢复体力，保证下次正常配种繁殖，需要提供各种营养物质来补偿和提高其健康水平，休闲期一般为10～15天。年产7～8胎就没有休产期，仔兔断奶前配种，断奶后就进入怀孕期。如果母兔体质过于消瘦，应延长休产期，不能一味追求繁殖胎数而忽视母兔的健康，使繁殖力下降，影响种母兔的使用年限。

饲养空怀母兔营养要全面，并以优质青绿饲料为主。在青草丰盛季节，只要有充足的优质青绿饲料和少量精料就能满足营养需要。体重3～5千克母兔，每天可喂给青绿饲料600～800克，混合精饲料20～30克。在青草枯黄季节，应补喂胡萝卜等多汁饲料，也可适当喂给精饲料，例如喂给优质干草125～175克，多汁饲料100～200克，混合精饲料35～40克。空怀母兔应保持七八成膘的肥度，过肥过瘦都会影响发情、配种，应及时调整日粮中蛋白质和碳水化合物含量的比例，对过瘦的母兔应增加精饲料喂量，迅速恢复体膘；过肥的母兔要减少精饲料喂量，并增加运动量。对长期不发情的母兔除应改善饲养管理条件外，还可采用人工催情。

对空怀母兔的管理应做到兔舍内空气流通，兔笼及兔体要保持清洁卫生，对长期照不到光线的兔要调换到光线充足的笼内，以促进机体的新陈代谢，保持母兔性机能的正常活动。

（2）怀孕母兔的饲养管理 怀孕期是指母兔交配受孕到分娩产仔的一段时期。母兔怀孕期平均为30天。怀孕母兔饲养管理好坏，对胎儿的正常发育、产仔数、仔兔初生重以及母兔分娩后的泌乳力等都有显著影响。这一时期的饲养管理要点是，根据怀孕母兔的生理特点和胎儿的生长发育规律，采取正确的饲养措施，提供全价营养物质，加强护理，防止流产。

怀孕母兔的管理，主要是加强护理，防止流产。母兔流产一般在怀孕后15～25天内发生。流产症状与正常分娩相同，衔草拉毛营巢，但产出发育不全的胎儿多被母兔吃掉。引起流产的原因可分为机械性、营养性和疾病性等。机械性流产多因捕捉、惊吓、不正确的摸胎、挤压、骚动等引起；营养性流产多因营养不全、突然改变饲料，或因饲料霉烂变质、冰冻饲料等引起；疾病性流产多因巴氏杆菌病、沙门氏菌病、密螺旋体病以及生殖器官疾病等引起。为了杜绝流产的发生，母兔怀孕后应单笼饲养，防止挤压；不要随意捕捉怀孕母兔，尤其是怀孕后期更要小心，若要捕捉，一定要注意轻拿轻放。笼舍附近应保持安静，若兔舍内同时有哺乳兔、幼兔、中兔和成年兔时，在每天喂料时应先喂怀孕兔。兔笼应干燥，饲料要清洁、新鲜；忌喂霉烂变质、冰冻饲料；冬天最好饮喂温水；发现有病母兔应查明原因，及时治疗。

管理怀孕母兔还应做好产前准备工作，工厂化兔场大多是集中配种，集中分娩。因此，对怀孕达25天的母兔均应调整到同一兔舍内，便于管理。一般在产前3～4天准备好产仔箱，兔笼和产仔箱均要进行消毒、清洗干净，消除异味，消毒好的产仔箱放入笼内，使母兔有个适应过程。箱内铺上一层晒干、柔软的稻草。老鼠是仔兔的大敌，要防止老鼠对初生仔兔的侵袭。产房要有专人负责，冬季室内要防寒保温，夏季要防暑、防蚊。

（3）哺乳母兔的饲养管理　母兔自分娩到仔兔断奶的这段时期称哺乳期，一般为40～50天。哺乳母兔除保证本身正常需要外，还必须保证泌乳的营养需要，饲养管理的好坏，对母兔、仔兔的健康和生长都有很大的影响。

母兔在哺乳期每天分泌乳汁60～150毫升，高产母兔可达200～300毫升。就胎次而言，第一胎泌乳量低于以后胎次泌乳量，10～11胎以后泌乳量下降。在同一泌乳期中，日泌乳量由少到多，产后21天为泌乳高峰，以后逐渐下降，直到断奶。乳汁含蛋白质10.4%，脂肪12.2%，乳糖18.0%，灰分2%，其中蛋白质和脂肪含量比牛、羊乳高3倍多，矿物质高2倍多，详见表6-4。

表6-4　兔乳与牛、羊乳的营养组成（%）

种类	蛋白质	脂肪	乳糖	灰分
兔奶	10.4	12.2	18.0	2.0
牛奶	3.1	3.5	4.9	0.7
羊奶	3.1	3.5	4.6	0.8

由此可见，兔乳的营养是很丰富的，哺乳母兔为了维持生命活动和分泌乳汁，每天都要消耗大量的营养物质，而这些营养物质只有从饲料中才能获得，此期的饲养水平应高于空怀母兔和怀孕母兔，特别是要保证足够的蛋白质、矿物质和维生素供给。如果喂给的饲料不能满足哺乳母兔的营养需要，就会动用体内贮存的大量营养物质，从而降低母兔体重，损害母兔健康，影响泌乳量。

饲喂哺乳母兔的饲料一定要清洁、新鲜。多汁饲料和青绿饲料如胡萝卜、瓜类、豆科牧草、野生植物；精料中要增加富含蛋白质和热能的饲料，如玉米、豆类、麦麸、豆饼、鱼粉等，都是对泌乳量和品质有良好影响的饲料。夏、秋季节的饲料以青绿饲料为主，每天每只兔饲喂青绿饲料1 000～1 500克，混合精饲料50～100克；冬、春季节，每天每只兔饲喂优质干草150～300克，青绿多汁饲料200～300克，混合精饲料50～100克。分娩后母兔食欲不强，体质弱，2～4天后才逐渐恢复正常，饲料应逐渐增加。此外，每天要保证充足的饮水，以满足哺乳母兔对水分的要求。

饲养哺乳母兔的好坏，一般可以根据仔兔的生长和粪便情况进行辨别。如果母兔泌乳旺盛，仔兔吃饱后腹部胀圆，肤色红润光亮，安睡不动；如果母兔泌乳不足，则仔兔腹部空瘪，肤色灰暗无光，乱爬乱抓，经常发生“吱吱”叫声。另外，产仔箱内清洁、干燥，很少有仔兔粪尿，表明营养适宜。如产仔箱内积留尿液过多，说明母兔饲料中含水量过高；粪便过于干燥，表明母兔饮水不足；如果饲喂发霉变质饲料，还会引起仔兔消化不良，甚至下痢。

有的兔场采用母兔与仔兔分开饲养，定时哺乳的方法，即平时将仔兔从母兔笼中取出，安置在适当地方，哺乳时将仔兔送回母兔笼内。分娩初期每天哺乳 2 次，每次 10～15 分钟，20 日龄后每天哺乳 1 次。采用这种饲养方法的优点是，可以了解母兔的哺乳情况，及时调整饲养水平。

哺乳母兔的管理，首先要预防乳房炎。引起哺乳母兔乳房炎的原因很多，有母兔泌乳过多，仔兔太少，乳汁过剩引起的；有母兔泌乳不足，仔兔过多，引起争食咬伤乳头造成的。所以要有针对性地及时加以防治，对于泌乳过多而产仔少者，可采取寄养法；对于奶水不足的母兔，可进行“催乳”。催乳方法，可以加喂豆类、米汤或杏叶催乳；可以将莴苣叶切碎，加少许红糖饲喂；也可在母兔产前 10 天喂新鲜香菜 5～10 棵，早晨一次喂给，也可煎水饮服，每隔 2～3 天喂一次，既催乳又解毒；还可用蚯蚓催奶，其方法是将活蚯蚓在开水中泡成白色后切碎，拌红糖喂母兔。

其次在管理上，还要注意笼舍清洁卫生，保持干燥，应每天清扫笼舍，洗刷饲具，并定期进行消毒。特别是产仔箱不清洁或有异味，有可能使母兔产生扒窝现象，扒死仔兔，有的甚至咬死仔兔，遇到这种情况，应将仔兔取出，清理产仔箱，重新换上垫草垫料。要做好夏季防暑和冬季保暖工作。经常检查母兔的乳头、乳房，了解母兔的泌乳情况，如发现乳房有硬块，乳头有红肿、破伤情况，要及时治疗。

（二）幼、仔兔的饲养管理

1. 仔兔的饲养管理 从出生到断奶这个时期的小兔为仔兔。

仔兔出生后，生活环境发生了急剧变化，而仔兔的器官发育尚不完全，调节机能差，适应能力弱，抵抗力弱，很容易死亡。根据仔兔的生理特点，仔兔阶段可分为睡眠期和开眼期，这两个时期是仔兔生长发育阶段中非常重要而又很难养的时期。

(1) 睡眠期　仔兔从出生至12日龄左右，全身无毛，耳孔闭塞，眼睛紧闭，除了吃奶就是睡觉，称睡眠期。由于初生仔兔全身无毛又无调节体温能力，一般在产后10天左右才开始恒定体温。所以，冬季气候寒冷，兔舍温度较低，容易冻死仔兔。初生仔兔的视觉和听觉还未发育完善，一般在产后6～8天耳孔张开，10～12天睁开眼睛。

睡眠期的仔兔生长发育很快，生下后就会吃奶，所以，这一时期的工作重点是让仔兔早吃奶，吃足奶。仔兔的初生重仅为50～60克，一周龄体重可增加1倍，10日龄可达到初生重的3倍以上。经常处于饥饿的仔兔，往往生长发育不好，死亡率很高。母兔最初1～2天内分泌的乳汁称为初乳，含有丰富的营养，并具有帮助仔兔排泄胎粪的轻泻作用，有利于仔兔生长、排尽胎粪。另外，初乳中含有的酶和抗体对初生仔兔的生长发育是不可缺少的。所以应设法使仔兔尽早吃上初乳。

睡眠期仔兔，除了吃奶就是睡觉，其营养全靠母乳。母性好的兔在生后4～6小时内就给仔兔第一次哺乳。在此期间，仔兔的新陈代谢非常旺盛，吃下的乳汁大部分被消化吸收，很少有粪便排出。因此，饲养睡眠期的仔兔，只要能够吃饱奶，睡好觉，就能保证其正常的生长发育。

睡眠期仔兔的管理要非常细致。采取以下措施可以提高仔兔的成活率。

第一，寄养仔兔。一般泌乳正常的母兔可哺乳仔兔6～8只。在生产实践中经常出现有些母兔产仔多，有些母兔产仔少的情况，所以必须做好仔兔的调整寄养工作，其方法是将出生日期相近的仔兔（以不超过2～3天为宜）从巢箱中取出，按体形大小、体质强弱分窝；然后在仔兔身上涂数滴母兔的乳汁或尿液，以扰乱其嗅觉，防止母兔拒绝寄养，发生咬死或咬伤仔兔的现象，并注意母兔哺乳情况。

第二，强制哺乳。有些母兔护仔性不强，特别是初产母兔，产仔后不给仔兔哺乳，甚至拒绝哺乳，使仔兔缺奶挨饿，如不及时处理，就会引起仔兔死亡。在这种情况下，必须采取强制哺乳措施。方法是将母兔固定在巢箱内，使其保持安静，然后将仔兔安放在母兔乳头旁让其自由吮乳，每天强制4～5次，连续3～5天后，母兔便会自动喂奶。

第三，人工哺乳。如果仔兔出生后母兔死亡，无奶或患有乳房疾病不能哺乳又无适当母兔寄养时，可采用人工哺乳。人工哺乳可用牛奶、羊奶或炼乳等代替，最初一周内可加1～1.5倍水，一周后可加1/3水，两周后可喂全奶。也可用豆浆、米汤加适量食盐代替，温度保持在37～38℃。喂时可用经煮沸消毒后的玻璃滴管、注射器等，任其自由吮吸，有条件的也可配人工初乳，方法是将新鲜牛奶200毫升加鱼肝油3毫升，食盐2克，鲜鸡蛋1个调匀，煮沸消毒冷却到37～38℃后喂饲。

第四，防寒保暖。初生仔兔的抗寒能力很差，极易引起受冻死亡。据试验，仔兔保温室的温度最好能保持在15～25℃。一旦发现仔兔受冻，就应及时保温抢救，一般可将受冻仔兔放入40～50℃的温水中，露出口鼻并慢慢摆动，或用25瓦灯泡照射取暖（可将灯泡吊装在离兔体10厘米左右的巢箱上），效果很好。

第五，防止鼠害。仔兔生后4～5天内最易遭受鼠害。有时会发生全窝仔兔被鼠残食。应特别注意将兔笼、兔舍严密封闭，勿使老鼠入内。在无法堵塞兔笼、兔窝漏洞的情况下，可将巢箱统一编号，晚间集中防护，日间送回原笼，定时哺乳。

第六，防止吊乳。吊乳是肉兔生产实践中常见的现象之一。产生吊乳的原因有两个方面，一是母兔乳汁少，仔兔不够吃，较长时间吸住母兔的乳头，母兔离巢时将正在哺乳的仔兔带出巢外；二是母兔哺乳时，受到骚扰，引起惊慌，突然离巢而发生吊乳。发生吊乳的仔兔很容易被冻死或踏死。因此，应加强管理，认真观察。发现有吊乳出巢的仔兔应及时将仔兔放回巢内，对仔兔实施抢救，并应查明原因，采取补救措施，以防再次发生吊乳现象。

（2）开眼期　从开眼至断奶称为开眼期，仔兔开眼后就开始活跃起来，以后要经历出巢、补料、断奶等阶段，这是养好仔兔的第二个关键时期。

首先，应抓好补料关。开眼后的仔兔生长发育很快，而且母兔泌乳量已开始逐渐减少，但仔兔营养需要量却越来越多，光靠母乳已不能满足仔兔的营养需要。所以必须抓好补料关。因此，一般在仔兔15日龄左右就开始补料，喂给少量易消化而又营养丰富的饲料，如豆浆、豆渣或切碎的嫩青草、青菜叶等。20日龄后可加喂麦片、麸皮、木炭粉、矿物质、维生素和抗生素、大蒜、洋葱等消炎、杀菌、健胃药，以增强体质减少疾病。仔兔胃小，消化力弱，但生长发育很快，开始补料应少喂多餐，最好每天5～6次，此时仔兔仍以吃奶为主吃料为辅，30日龄后则逐渐转为吃料为主，吃奶为辅。

仔兔开食时，往往舔食母兔粪便，容易感染球虫病。因此，必须加强笼内清洁卫生。此外，为保证仔兔的健康，使仔兔采食均匀，安静休息，防止母仔争食草料，提高仔兔成活率，仔兔开食后最好与母兔分笼饲养，以每天哺乳一次为宜。

仔兔开食后，粪便增多，并开始采食软粪。要常换垫草，并洗净和更换巢箱。据实践经验，此时仔兔不宜喂给含水分高的青绿饲料，否则容易引起腹泻胀肚而死亡。还要经常检查仔兔的健康情况，查看仔兔耳色，如耳色桃红，表明营养良好；如耳色暗淡，表明营养不良。

其次，应抓好仔兔的断奶关。仔兔断奶时间很不一致，在低水平饲养条件下断奶时间为40～45日龄，在集约化、半集约化条件下为28～35日龄。生产实践表明，30日龄断奶时的成活率为60%；40日龄断奶时为80%；45日龄断奶时为88%；60日龄断奶时为92%，但断奶过迟对仔兔以后的生长不利。所以，仔兔的断奶时间应以40～45天为宜，这时仔兔体重为500～600克。但这并不是绝对的，断奶时间的早晚还应根据饲养水平、繁殖方式和仔兔发育情况而定。饲养水平高，仔兔生长发育好的也可早些断奶，关键是搞好断奶幼兔的饲养管理。所以，如果对断奶兔能做到饲养得当，管理周到，适当提早断奶，能使母兔恢复体况和缩短产仔间隔时间，这对家庭饲养肉兔是很有利的。

断奶方法可分为一次断奶和逐渐断奶两种，全窝仔兔都健康而且生长发育均匀，可采用一次断奶，即断奶这一天，母仔全部分开。如果全窝仔兔大小不一，生长发育不匀，或者有的将来作为种用，可采用分批断奶的方法，即先把发育好的仔兔与母兔隔离，留下发育差的仔兔再哺乳一段时间后隔离。不论采用哪一种断奶方法，都应注意把母兔从原来兔笼中取出隔离，让仔兔留在原笼中饲养一个时期，尽量做到饲料、环境、管理三不变，以防发生各种不利的应激反应。

2. 幼兔的饲养管理　幼兔是指从断奶到3月龄的小兔。仔兔断奶后开始独立生活，环境条件发生了很大的变化，如果饲养管理不当，仍可影响成活率和生长发育。幼兔由于胃内存在抗生物质，因此消化道中不能形成正常的微生物区系，可能是引起幼兔消化道紊乱和腹泻的主要原因。幼兔阶段是生长速度较快的时期，需要大量营养物质，必须采食大量饲料才能满足需要。但是，其消化器官还不适应消化大量饲料，尤其对粗纤维的消化率很低。因此，容易出现营养缺乏或吃食过多引起伤食，出现消化机能障碍和疾病。

（1）饲养　对刚断奶的幼兔仍喂给断奶前的饲料，要求体积小，易消化，营养丰富。随着年龄增长而逐渐改变饲料，但不要突然改变，数量以吃饱为宜，并要注意饲料的多样化。如果饲喂不当，营养缺乏或贪食过量，胃肠负担过重均会引起消化不良、腹泻、肠炎等疾病。所喂饲料要清洁、新鲜，带泥的青草，要洗净晾干后再喂。喂时必须掌握要少喂多餐。一般青绿饲料每天3次，精饲料每天2次，间隔饲喂，供给清洁饮水，并添加适量的微量元素、木炭粉等。留作种用的后备兔，还要防止出现过肥而影响种用体况。

（2）管理　幼兔应饲养在温暖、清洁、干燥的地方。按日龄大小、体质强弱，分成小群饲养。笼养以每笼3～4只为宜，群养可以15～20只为一群。将磺胺二甲嘧啶以1%的比例拌料投服，以防球虫病感染。幼兔断奶后两周内的兔舍温度，应控制在15～25℃内，两周以后可保持在不低于10℃的条件下，室温过高或过低都会影响幼兔的生长和成活率。对幼兔还必须定期称重，一般可隔半月称重一次，及时掌握兔群的生长情况，如生长一直很好，可留作后备种兔；如体重增加缓慢，则应单独饲养，进行观察。

有条件的要让幼兔运动，多晒太阳，增强体质。除刮风下雨外，春秋季节，早放晚收；夏季应搭遮阳防雨的凉棚，可整天放牧；冬季中午放牧。应有专人看管，防止互斗或兽害以及天气突变等，发现病兔应迅速隔离、治疗。

（三）育成兔的饲养管理

育成兔是指生后3月龄到配种阶段的肉兔，又称后备兔。育成兔的抗病力已大大增强，病死率较低，是其一生中最容易饲养的阶段。育成兔的特点是生长发育很快，是长肌肉、长骨骼的阶段，对蛋白质、矿物质和维生素需求量更大，对粗纤维的消化能力已逐渐增强。因此，在饲养上必须供给充足的蛋白质、矿物质和维生素。饲料应以青粗饲料为主，适当补给精饲料，每天每只可喂给青饲料500～600克，混合精饲料50～70克。5月龄以后的育成兔，应适当控制精饲料喂量，以防过肥，影响种用。但饲料体积也不宜过大，以免肚皮撑大成草腹，也会丧失种用价值。

育成兔的管理重点是及时做好公、母兔分群，防止早配、乱配。根据生产实践，3 月龄的公、母兔生殖器官开始发育，已有配种要求，但尚未达到体成熟年龄，所以从 3 月龄开始将公、母兔分群或分笼饲养；对 4 月龄以上的公、母兔进行一次选择，把生长发育优良、血统清楚（根据系谱卡片）、体格健壮、未患过病、体质外貌符合种用要求的公、母兔挑选出来，留作种用。留种公兔应单笼饲养；留种母兔可小群饲养，以 3～4 只或 7～8 只一群为宜。不作种用的育成兔应及时去势划入生产群，多喂碳水化合物饲料，经短期育肥后上市。

三、商品肉兔的饲养管理要点

肉用兔产肉性能较高，发展肉兔生产是解决人们肉食品的捷径。据资料记载，一只母兔年产仔兔 35～42 只，按此繁殖力计算，在 40 个月的时间内，一只成年母兔可生产 800 多千克兔肉。

商品肉兔在屠宰前，为了能在短期内迅速增加产肉量和改善肉质，应进行育肥。育肥良好的肉兔，在 1～1.5 月的育肥期中可蓄积脂肪 500 克以上。

（一）育肥兔的来源与选择

用于育肥的兔有两种，一种是专供育肥的幼兔，另一种是淘汰的种兔。

1. 育肥幼兔　用于育肥的幼兔，可以是肉用兔的纯种或杂种一代兔，也可以是兼用种的后代。目前，在一些养兔发达的国家，已能像集约化养鸡那样，采用专门化品系进行肉兔生产。

2. 淘汰种兔　淘汰的种兔，可以经过一个短时期的育肥再出售。种兔淘汰以后是否进行育肥，视具体情况而定，过肥过瘦的都不宜再进行育肥。对过肥的淘汰种兔，只要停止繁育饲养一段时间可直接上市；膘情过差的也不必再度育肥，催肥需要较长的时间，消耗较多的饲料，经济效益不高，对这种兔应尽早淘汰直接上市或作他用。育肥淘汰种兔，应选择肥度适中的兔，经过一个月左右的快速育肥，体重可以增加 1 千克左右。

（二）育肥兔的生长发育和饲料报酬

肉兔生长发育很快，以新西兰白兔为例，出生后生长率虽低于生前生长率，但生长很迅速。仔兔体重，初生时仅 50 克左右，3 周龄可达 450 克。在以乳为唯一饲料时（初生至 20 日龄），日增重 10～20 克；3 周龄开始吃固体饲料，3～8 周龄日增重可达 30～50 克；8 周龄以后，生长速度开始下降，至 10～12 周龄生长曲线变平（图 6－3）。

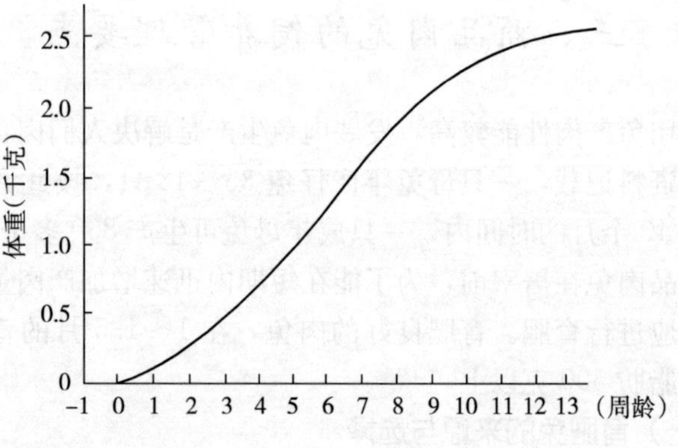

图 6－3　新西兰白兔理论生长曲线

由图 6－3 可见，随着年龄增长，肉兔体重随之增加，增重速度由快而慢直至停滞。

饲料报酬的变化，则随着体重的增加，单位体重所需饲料相应增加。3 周龄时，饲料转换率为 2∶1；8 周龄降至 3∶1；8 周龄以后，饲料转换率急剧下降，10 周龄时约为 4∶1；12 周龄时降至 5∶1。为了经济有效地生产兔肉，在养兔业发达的国家如法国，商品肉兔通常为 10 周龄（达到 2.4 千克）或 11 周龄（达到 2.5～2.7 千克）。

据国外资料报道，屠宰体重不同，所需饲料和营养需要量也不同（表 6－5）。

表 6－5　不同体重对饲料和营养需要量

（颗粒饲料 680TDN* 1 千克，自由采食）

体重范围（克）	每增重 1 千克饲料需要量（千克）	TDN（克）
600～1 000	1.8	1 220
600～1 500	2.0	1 360
600～2 000	2.4	1 630
600～2 500	3.0	2 040

* TDN（总消化养分）：指可消化蛋白质、可消化粗纤维、可消化无氮浸出物和可消化脂肪×2.25 之总和。

生长肉兔随着年龄增长体重增加（表 6－6）。在商品肉兔生产中，有传统方法饲养与集约化、半集约化饲养之分，采用传统方法饲养通常在 3 月龄体重达到 2.5 千克时上市较为适宜。

表 6－6　肉兔胴体与活重的关系

月　龄	活重（千克）	带头胴体重（千克）	屠宰率（%）
2	1.53	0.84	55
3	2.50	1.45	58
4	3.15	1.92	61
5	3.65	2.30	63
6	3.96	2.46	62

（三）育肥技术

1. 育肥原理　育肥的原理，主要从两方面入手，一方面设法让育肥兔在短期内增加体内的营养蓄积，另一方面是尽可能减少体内的营养消耗，促进同化作用，抑制异化作用，使肉兔采食的营养物质除维持正常生命活动外，能大量储积体内，形成肌肉和脂肪。在育肥期间，除实行科学饲养，注意营养的供给外，还要限制育肥兔的运动（刚断奶的幼兔可适当运动），减少光照并保持舍内安静，这样有利于育肥和改善兔肉品质。

2. 影响育肥的因素 影响育肥的因素很多，主要有品种、饲料、温度、光照、运动、去势及饲喂方式等。

（1）品种 肉用兔品种优于兼用兔品种，杂种兔优于纯种兔，采用专门化品系培育的商品兔优于纯种兔，一般以饲养杂种一代兔育肥效果最好，经济效益最高。在当地相同条件下，杂种兔与纯种兔在3月龄时的育肥效果说明，杂种确有优势。因此，选用育肥兔时，根据饲养管理条件和技术水平，选用不同的品种进行育肥，是提高肉兔生产经济效益的重要措施之一。

（2）饲料 全价饲料育肥肉兔，其效果要好于单一饲料。在进行饲料配合时，饲料品种至少在3种以上，特别是应选择碳水化合物含量较高的饲料，以提供足够的能量，而且要符合饲养标准。

（3）饲喂方式 采用自由采食方式饲养育肥兔，其育肥效果往往优于限制饲喂方式。饮水最好采用自动饮水器，以满足饮水需要。

（4）温度与光照 育肥效果最好的环境温度为15～25℃，低于15℃或高于30℃不利于育肥。减少光照可有利于提高育肥效果。

（5）去势 去势有利于蓄积脂肪、降低体内代谢和氧化作用，提高育肥效果，改善兔肉品质，降低饲养成本。用幼兔作为育肥兔饲养，可不用去势。一般去势公兔的增重速度可比未去势的公兔提高10%～15%。

3. 育肥方法 育肥方法大致可分为幼兔育肥法和成年兔育肥法两种。

（1）幼兔育肥法 是指仔兔断奶后即开始催肥。育肥开始时可采用群养法，使幼兔有充分运动的机会，达到增进健康，促进骨骼、肌肉充分生长的目的，开始时每只兔每天喂饲料20克，至上市前逐渐增到100克以上。日粮能量由每千克10.08兆焦增到11.34兆焦，蛋白质水平由18%降到16%。育肥期精饲料、青绿饲料和粗饲料，均让其自由采食，饮水充足。日粮以配合饲料为好。10～20天后即可采用限制饲养和密集饲养法，时间为30～40天，体重达2.5～3千克时即可屠宰销售。育肥时采用笼饲较为理想，可关在只能容身的小笼或木箱内以限制运动，置于温暖安静的暗处，以促进体内肌肉的增长和脂肪的积存；但应注意环境卫生，减少疾病的发生。

（2）成年兔育肥法　是指淘汰种兔在屠宰前有一段较短的育肥时间，以增加体重，改善肉质。育肥淘汰种兔应选择肥度适中的兔，育肥时间一般不超过30～40天，育肥良好的兔在育肥期可增加体重1～1.5千克。

4. 育肥技术

（1）育肥饲料　育肥饲料应以精饲料为主，青饲料为辅。先自行配制混合饲料，要求含粗纤维15%，粗蛋白质17%，脂肪2.5%。最适宜的育肥饲料有燕麦、大麦、玉米、麸皮、豆饼、甘薯、马铃薯等，并需添加适量的骨粉、食盐、木炭粉等无机盐补充饲料。还要注意，育肥期饲料品种要相对稳定，不要轻易改变饲料的组成。养兔发达国家，商品肉兔通常采用全价颗粒饲料，育肥效果更加明显。

（2）去势育肥　供育肥用的公、母兔最好去势，特别是公兔，一般在8～10周龄去势。兔去势后可降低体内的代谢和氧化作用，有利于体内脂肪的蓄积。据实验，去势育肥可使育肥效果提高10%～15%，饲料利用率提高15%～20%，并可改善肉质，提高出肉率。

（3）限制运动　育肥期的肉兔，尤其是育肥后期应限制运动，以减少饲料消耗，蓄积脂肪。育肥期的肉兔一般不宜采用放养方式，最好安置在温暖、安静、光线较暗的环境中进行高密度饲养，不宜饲养在嘈杂、光线较强的环境中。肉兔的饲养要改变放养方式，推广笼养笼育。据试验，笼育效果优于放养和圈育，100天育肥期其日增重均高于圈育，差异极显著。这是因为限制了运动，控制了光照，提高了育肥的效果。

（4）少喂多餐 育肥期的肉兔由于运动减少，饲料又以精饲料为主，所以通常表现食欲较差，为增进食欲，应掌握少喂多餐的原则，以增加其采食量。同时要供给充足的饮水，以防食欲下降，对饲料消化、营养吸收和新陈代谢产生不良影响。

（5）精心管理 肉兔育肥期因缺乏运动和光照，抵抗力较差，容易感染疾病，所以要精心管理。要经常检查兔群健康状况，注意环境卫生；兔舍、兔笼要及时清扫，定期消毒。一定要确保育肥期的兔能吃饱、吃好、休息好，使之有良好的体况。

第七章

肉兔舍的建筑与设备、用具

良好的兔舍建筑和完善的设备，是养兔生产的重要物质基础。它与肉兔的饲养管理、卫生防疫和提高劳动生产率等都有着密切的关系。兔舍的建筑应从肉兔的生物学特性出发，根据饲养数量及各地不同的环境条件等因素进行设计。根据我国饲养肉兔的具体情况，兔舍建筑不应强求统一，应本着因地制宜，因陋就简，就地取材，经济耐久，科学实用为原则加以解决。兔舍建筑不必像饲养毛兔那样要求高，只要能挡雨防风、流通空气、适当光照、便于饲养管理和清扫消毒，能防啃咬或打洞逃跑，利于提高工效即可。

一、影响肉兔的环境因素

（一）温度

温度直接关系到肉兔的健康、繁殖、食欲和增重。肉兔对环境要求的临界温度为5～30℃，超出此临界温度以外的温度，均对肉兔的生理机能有严重影响。一般要求兔舍内的适宜温度为：初生仔兔30～32℃；成年兔15～25℃，不要低于5℃或高于30℃。冬季应注意保暖，目前兔舍内采用局部供暖比全部供暖较为合算；夏季应注意通风、遮阴降温。

（二）湿度

湿度往往伴随温度对肉兔产生影响，高温高湿和低温高湿对肉兔都有不良影响。高温高湿会抑制肉兔散热，容易引起中暑；

低温高湿又会增加散热，并使肉兔有冷的感觉，特别是幼兔更难以忍受。同时，在温度适宜而又潮湿的情况下，有利于细菌、寄生虫的繁殖，导致发病率上升。肉兔所需的适宜相对湿度为60%～65%，一般不低于55%。由于肉兔对急剧变化的湿度很不适应，因此，兔舍内的湿度应尽量保持恒定。

（三）光照

肉兔是夜行性动物，不需要强烈的光照，光照时间也不宜过长。光照对肉兔的繁殖和育肥效果等有明显的影响。持续光照超过16个小时，将引起公兔睾丸重量减轻和精子数量减少。适宜的持续光照时间，繁殖母兔每天光照14～16小时，可获得最佳繁殖效果；公兔光照时间较短，一般每天光照8小时；育成兔一般8小时以下；对于育肥兔，采用黑暗或微弱照明比强光照更为有利。一般兔场均采用自然光照，兔舍门、窗的采光面积应占地面的15%左右，阳光入射角度不低于25～30度。

（四）通风

是调节兔舍内外温度、湿度的有效方法。通风还能排出兔舍内的废气和有害气体，提供新鲜空气，有效地减少呼吸道疾病的发病率。一般采用的通风方式有两种：一种是自然通风，适合于气候环境好和饲养密度小的兔场；另一种是抽气式或送气式的机械通风，该方式容易控制兔舍内的小气候，尤其对降高温有显著效果。夏天，0.4米/秒左右的风速对兔较适宜。

（五）有害气体

兔舍中有害气体主要有氨、硫化氢、二氧化碳等。肉兔对氨特别敏感，空气中含氨50微升/升可使肉兔呼吸频率减慢，流泪和鼻塞，100微升/升会使眼泪、鼻涕和口涎显著增多。据德国报道，规定兔舍中有害气体含量为：氨低于30微升/升，硫化氢低于10微升/升，二氧化碳低于3 500微升/升。

（六）噪声

肉兔胆小怕惊，在突然的噪声影响下，可引起怀孕母兔流产，哺乳母兔咬死仔兔等。因此，兔场环境应保持安静，不要在兔舍附近安装机器或停放拖拉机等发出响声的装置。

二、兔舍建筑的基本要求

（一）舍址的选择

兴建兔舍，应选择地势高燥，平坦，背风向阳，地下水位低（2米以下），排水良好，环境安静，利于防疫，运输方便，远离交通要道，并拥有一定的青绿饲料基地和水量充足、水质良好的水源的地方。

（二）材料的选择

建筑兔舍应因地制宜，如山区可修窑洞式兔舍，南方可建棚式兔舍等。建筑材料的选择应就地取材，经济实惠，如砖、石、竹片及打眼铁皮等都是理想的建筑材料。同时，为防止肉兔啃咬和打洞逃跑，选择的建筑材料应坚固耐用。

（三）要有“六防”设施

兔舍建筑应能符合肉兔的环境要求，要有防暑、防潮、防雨、防寒、防污染及防兽害的“六防”设施。因此，兔舍屋顶必须隔热性能好，兔舍墙壁应坚固，兔舍的门既要便于人员行走和运输车运行，又要坚固，以防兽害。兔舍的窗户应高而宽大，便于通风采光，同时要有铁栅或铁纱设施，以防野兽及猫、狗等的入侵。兔舍地面应坚实平整、防潮和保温，应高出舍外地面20～25厘米，以防雨水倒流入内。另外，兔舍还必须有良好的排污系统，以避免兔舍内环境污染。

（四）应能调节小气候

理想的兔舍，应具有调节兔舍内小气候的条件。应能根据外界气候的季节性变化，因地制宜地采取各种有效措施调节温度、湿度和光照等兔舍小气候，以满足肉兔对生活环境的要求。

（五）利于卫生防疫

兔舍建筑必须符合卫生防疫要求，兔舍及其各种设备都应有利于清洗和消毒。如兔笼表面应平整光滑，便于除垢和消毒；笼底板、食槽及饮水器等必须易拆卸，以便刷洗消毒。此外，在兔舍建筑中应设有专门清洗各种器具的洗涤消毒池和设在大门口的防疫消毒设施。

（六）便于操作管理

兔舍设计应符合提高劳动效率，便于操作管理的原则。为了操作方便，固定式多层兔笼的总高度不宜过高；为了清扫方便，兔舍内清粪道宽度不低于0.9米，其中粪水沟的宽度不低于0.3米；为了饲喂方便，单列式饲喂道宽度不小于1.2米，一辆料车可以自由通过，双列式饲喂道宽度一般以1.5～1.8米为宜，可容两辆料车通过。

三、兔舍的建筑形式

由于我国地域辽阔，地理气候条件各异，饲养方式不同，因而出现了各种不同的建筑形式，主要有棚式（敞开式）、半敞开式、封闭式、室内开放式及栅饲群养式、山洞式、地窖式和地沟式等多种形式。

（一）棚式兔舍

有屋顶而四周无墙壁，屋顶下只有兔笼或网状围栏。

特点：防日晒，减少辐射热，通风良好，空气流速大，其温度随外界气温变化而变化，造价低，广泛应用于炎热地区。

（二）半敞开式兔舍

一面或两面无墙，一般兔笼的后壁就相当于兔舍的墙壁。这类兔舍有单列式与双列式两种：

1. 单列式半敞开式兔舍（图7-1a） 利用三个叠层兔笼的后壁作为北墙，南面有的有墙，有的无墙。

优点：这种兔舍结构简单，造价低廉，通风良好，管理方便。

缺点：冬季不易保温，兽害严重。

2. 双列式半敞开式兔舍（图 7－1b）　这种兔舍均以兔笼的后壁作南墙和北墙。

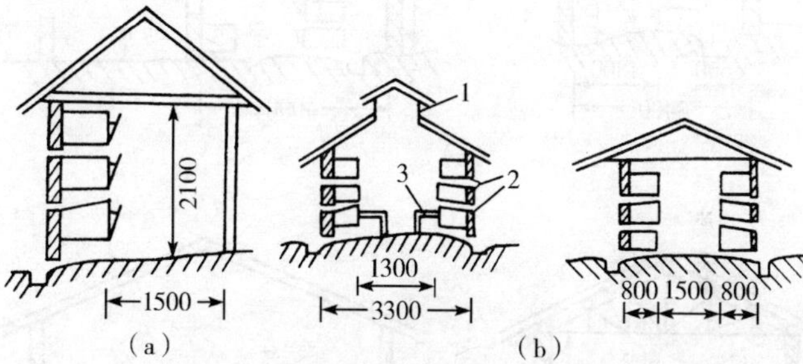

图 7－1　半敞开式兔舍（单位：厘米）
（a）单列半敞开式兔舍剖面图
（b）双列半敞开式兔舍剖面图
1. 钟楼式侧开窗　2. 出粪口　3. 产仔栏

优点：兔舍跨度小，单位面积的笼位多，造价低；舍内无粪沟，臭味小；出粪洞大，夏季通风，冬季也较单列式半敞开式兔舍保温。

缺点：易遭兽害，缺少光照。

（三）封闭式兔舍

四周有墙无窗，舍内小气候完全靠特殊装置自动调节，并能自动喂料、饮水和清除粪便。

优点：能控制对饲料的消耗率，获得高而稳定的增重率，并有利于防止各种疾病的传播。

缺点：需配备一系列的装置，造价高。

（四）室内开放式兔舍

四周有墙，因有采光通风的窗子而称为开放式兔舍。开放式兔舍有单列式（图 7 - 2a）、双列式（图 7 - 2b）和多列式（图 7 - 2c）之分，有的单列式兔舍的另一侧还筑有产仔兔栏。

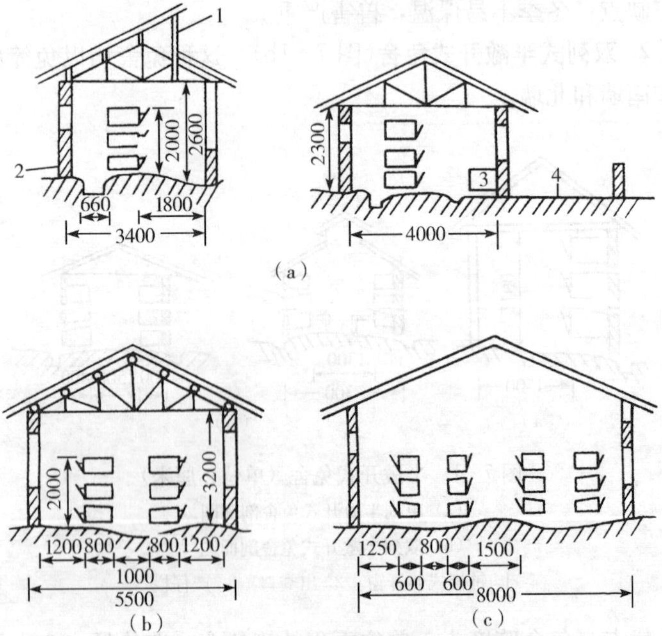

图 7 - 2　室内开放式兔舍（单位：厘米）

（a）单列室内开放式兔舍剖面图

1. 钟楼式侧开窗　2. 夏季通风口　3. 产仔兔栏　4. 运动场

（b）双列室内开放式兔舍剖面图

（c）四列室内开放式兔舍剖面图

优点：南北有窗，便于采光、通风和调节舍内外温差，能有效防止风雨袭击和防止兽害，管理方便。

缺点：造价较高，舍内臭味较大，尤其是双列式和多列式兔舍，因粪水沟在兔舍内，受两排兔笼的阻挡，中间的污浊空气不易排出。

（五）栅式群养兔舍

可利用空闲旧屋、猪舍或大家畜饲养栅改建，也可新建。在兔舍内用60～80厘米高的竹片、木板或铁丝网，也可用砖或土坯砌成使每个饲养间为6～9米^{2}的隔栏。群养间一端的兔舍墙脚处设宽20厘米、高30厘米的出入洞口与舍外场地相通。舍外场地也隔成相应的面积作为运动场（图7－3）。舍内地面铺漏粪板或垫褥草，舍外运动场一般铺河沙，并可放置食槽、草架和饮水器。每个群养间可养幼兔30～40只，青年兔20只。

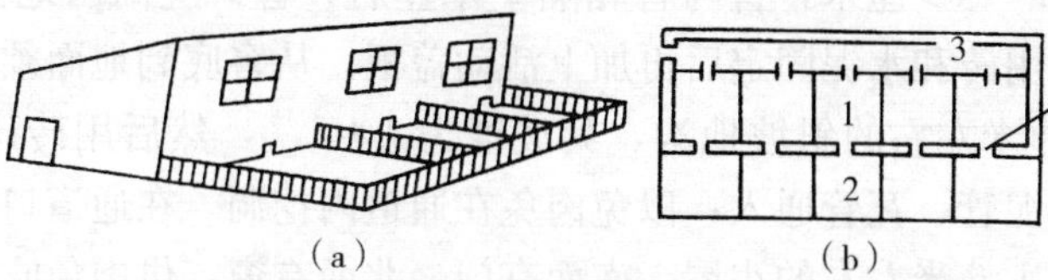

图7－3　棚饲群养兔舍

（a）外形图　（b）平面图

1. 舍内饲养间　2. 舍外运动场　3. 饲养员过道　4. 家兔出入洞口

优点：饲养群大，节约人工和材料，易管理和打扫卫生，空气新鲜，并能使肉兔得到充分的运动。

缺点：兔舍面积利用率不高，不利于掌握定量喂食，不易控制疾病传播，而且易发生殴斗。

（六）山洞式兔舍

在冻土层较浅的山区，可依山坡地形挖洞，洞深1.5米、宽1米、高1米，洞与洞相隔30～50厘米，每个洞口可安一个能启动的活动门，外面筑一圈围墙，建成运动场（图7－4）。

图7－4　山洞式兔舍

（a）外形图　（b）剖面图

优点：舍内空气新鲜，阳光充足，且肉兔可得到较好的运动。

缺点：不利于安全防疫和防兽害。

（七）地窖式兔舍

可选择地下水位低、背风向阳、干燥、含沙量小，土质坚硬的高岗地，挖修地窖式兔舍。窖深必须超过冻土层，窖的直径一般为70～100厘米，窖与窖相隔2米左右，窖口应高出地面20厘米，用砖和水泥固定后再加上活动盖板。从窖底到地面须挖一宽40厘米左右的斜坡地沟，其坡度为1∶1.5，然后用砖砌好，或用水泥管、瓦管通入，以免肉兔在通道内挖洞。在通道口上端建一高1.6米左右的小屋，南面有门，北面有窗，供肉兔吃食和活动。在窖底的任一边再挖深40厘米、宽30厘米、高35厘米的小洞，作为母兔的产仔窝（图7-5）。

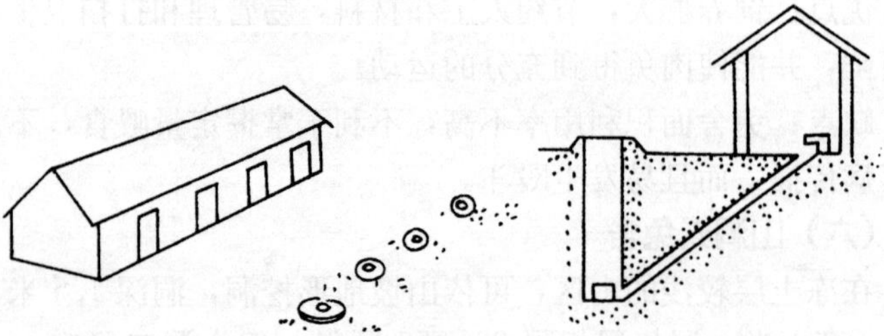

（a）　　　　（b）

图7-5　地窖式兔舍

（a）外形图　（b）剖面图

优点：保温效果好，在最低气温达−42℃的严冬可不用燃料和保温材料，造价很低，窖上窖下可通空气和见到阳光，窖底和产仔窝可保持5℃以上的恒温，因而可进行冬季繁殖。春夏时节应将肉兔移到地面饲养和繁殖。实践证明，窖养的肉兔体质健壮，生长良好，产仔成活率高，发病率低（＜3%）。

缺点：难以彻底消毒和清扫，仔兔管理不方便。

(八) 地沟式群养兔舍

选择地势高燥，地下水位低的地方挖一深1.2米，上宽2米的地沟，沟底宽0.7米，前面挖成斜坡，便于肉兔跑上地面。在沟的上面盖一座北朝南的小屋，南墙上有窗，窗下有门，门外设运动场；屋后檐下有排水沟（图7-6）。如果土层深，冬天可适当增加沟的深度。

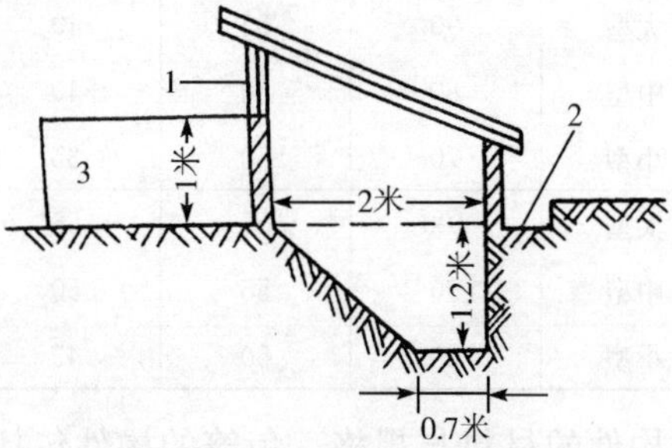

图7-6　地沟群养兔舍剖面图

1. 窗　2. 排水沟　3. 小运动场

优点：兔舍冬暖夏凉，造价低，可冬繁。

缺点：雨季较潮湿，管理和清扫不便。

四、兔舍的常用设备与用具

(一) 兔笼

兔笼是肉兔生产中不可缺少的重要设备，兔笼设计合理与否，直接影响肉兔的健康和生产效益。

1. 兔笼设计的基本要求　兔笼应造价低，经久耐用，便于操作和洗刷，并符合肉兔的生理要求。兔笼设计的内容包括兔笼规格、兔笼构件的规格、材料及兔笼高度等。

(1) 兔笼规格　兔笼大小，应按肉兔的品种、年龄和性别不同而定，一般以兔能在笼内自由活动为原则。大型品种和种公兔的兔笼应大些，室内兔笼宜比室外兔笼略小，一般公兔、母兔和后备种兔，每只所需面积为0.3～0.5米^2。种兔笼有关尺寸见表7-1，仅供参考。

表7-1　种兔单笼尺寸

饲养方式	种兔类型	笼宽（厘米）	笼深（厘米）	笼高（厘米）	笼底净面积（米^2）
室内笼养	大型	90	55	40	0.50
	中型	80	50	40	0.40
	小型	70	50	35	0.35
室外笼养	大型	100	55	55	0.55
	中型	90	55	50	0.50
	小型	80	50	45	0.40

（2）兔笼构件的材料与规格　兔笼的构件包括笼壁、笼门、笼底板和承粪板。

①笼壁。一般可用砖头或水泥板砌成，也可用竹片或金属板条钉成。采用砖砌或水泥预制件，必须预留承粪板和笼底板搁肩，搁肩宽度以3～5厘米为宜；采用竹条或金属板条，栅条宽以15～30毫米，间距15～20毫米为宜。另外，如用金属板条钉制应涂防锈漆，且笼壁6厘米以下最好不用金属，以防兔尿顺墙而下，腐蚀金属。

②笼门。一般安装于笼前，可用竹片、打眼铁皮、粗铁丝或铁丝网制成。安装要求启闭方便，内侧光滑，既可防御兽害，又可防止兔从笼门逃出。

③笼底板。一般采用竹片或镀锌冷拔钢丝制成。用竹片钉成的活动式笼底板，要求竹片平直光滑，竹片宽2.5～3厘米，厚0.7～0.8厘米，竹片间距1～1.2厘米，竹片方向应与笼门垂直，以防兔脚形成划水姿势。用镀锌冷拔钢丝制成的笼底板，要求焊接网眼规格为50毫米×13毫米或75毫米×13毫米，网眼

直径为15～18毫米；如用镀塑料冷拔钢丝或锦纶冷拔钢丝效果更佳。

④承粪板。一般用水泥板制成，厚度为2～2.5厘米。在多层兔笼中，上层兔笼的承粪板即为下层兔笼的笼顶，为避免上层兔笼的粪尿、污水溅污下层兔笼，承粪板应向笼体前面伸出3～5厘米，后面伸出5～10厘米。安装时还应向笼后壁倾斜，倾斜角度为15度左右，以便粪尿经板面自动落入粪沟，便于清扫。

（3）总体高度　为便于操作管理和维修，兔笼总高度应控制在2米以下，最上层笼底不超过1.5米，最底层兔笼底离地应在30厘米左右，以利于通风、防潮。

2. 兔笼种类　兔笼种类主要有活动式和固定式两种。

（1）活动式兔笼　一般为竹、木或镀锌冷拔钢丝制成。据构造特点又可分为单层活动式（图7-7）、双联单层活动式（图7-8）、单间重叠式（图7-9）、双联重叠式（图7-10）和室外单间活动式（图7-11）等多种。仅以双联单层兔笼和单间重叠式兔笼介绍如下。

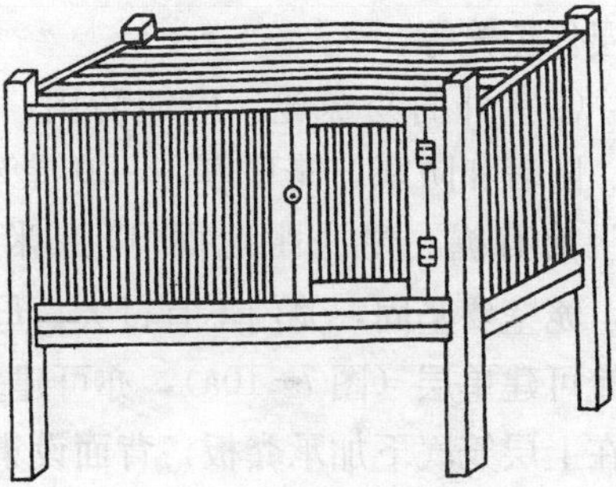

图7-7　单层活动式兔笼

①双联单层兔笼。用方木做成框架，四周用竹条钉牢，竹条间距1.5厘米；漏缝地板用竹条钉制，竹条宽2厘米，间距1厘米。门开在上方，两门中央放置“V”形草架

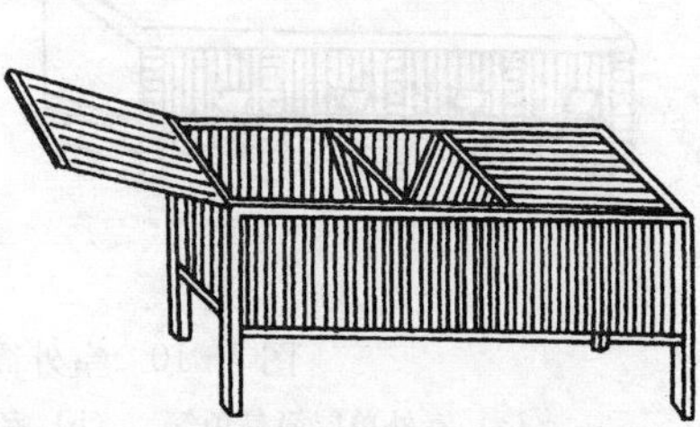

图7-8　双联单层活动式兔笼

(图 7-8)。

②单间重叠式兔笼。用料、结构和制作方法与单层兔笼基本相似，只是门开在侧面，草架和食槽装在门上，两层笼之间备有承粪板（图 7-9）。

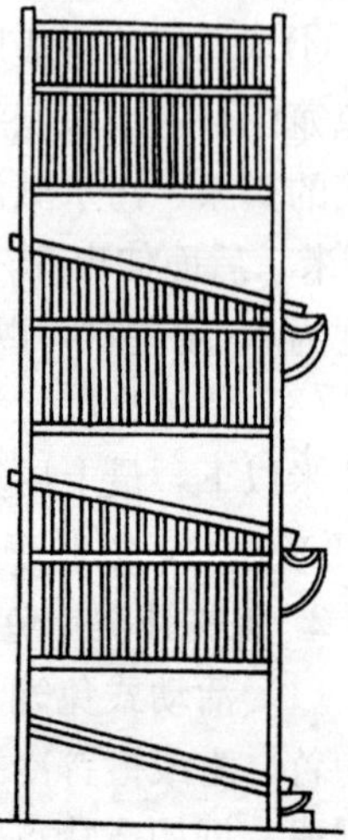

图 7-9　单间重叠式兔笼

活动式兔笼的共同优点是移动方便、构造简单，造价低廉，操作方便，易保持兔笼清洁和控制疾病等。

（2）固定式兔笼　一般为水泥预制件、砖、木、竹等构建而成。根据构造特点又可分为室外简易兔笼、室内多层兔笼、立柱式双向层笼和地面单层仔兔笼等。

①室外简易兔笼。应能防雨、防潮、防暑和防寒。笼顶厚 5～10 厘米，笼门前有檐，笼底距地面 30 厘米以上，笼壁要坚固，笼门不宜过大，母兔笼内设产仔间。室外简易兔笼可建单层（图 7-10a)，亦可建多层（图 7-10b)。多层兔笼应在上层笼底下加承粪板，背面设集尿沟。

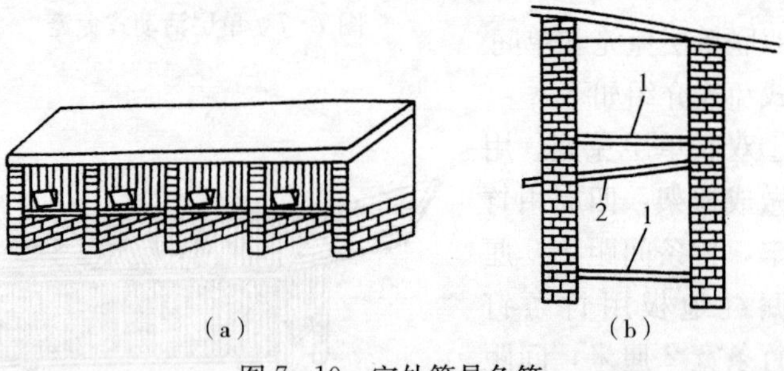

（a）　　（b）

图 7-10　室外简易兔笼

（a）室外单层简易兔笼　（b）室外多层简易兔笼剖面图

1. 笼底板　2. 承粪板

②室内多层兔笼。目前国内多为三层，依排列方式可分为单列和双列两种。双列式多层兔笼有的是背靠背式的，清粪沟设在两排兔笼中间，有的则是面对面的，清粪沟设在各自的背面。这类兔笼具有通风良好，占地面积小，管理方便等优点（图 7-11）。缺点是粪水沟在室内，易造成舍内空气污染。

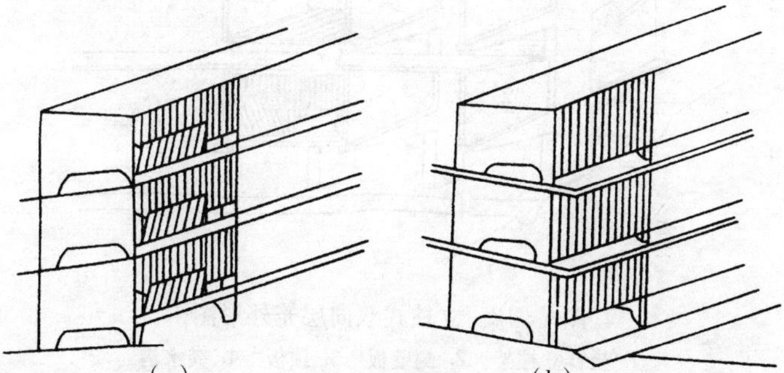

（a）　　（b）

图 7-11　室内多层兔笼外形图

（a）前侧图　（b）后侧图

③立柱式双向层笼。是由长臂立柱架、顶板、侧壁板、前网、后网及底网等组合而成，其中长臂立柱架、顶板、侧壁板必须是钢筋水泥预制件。组合兔笼时，首先将长臂立柱架一根根等距离垂直安好，将侧壁板竖立在立柱的长壁上，再在侧壁板上压上顶板，然后在相邻侧壁板的两端分别挂上前网和后网，将底网也搁在立柱架的长臂之上即组合完成（图 7-12）。这种层笼的特点是：

a. 同一层的承粪板全部相连，中间没有任何阻隔，便于清扫。

b. 立柱架的基部是一个双向坡，坡下紧接粪水沟，粪水沟属明沟，易清扫消毒，舍内臭味较小。

地面单层仔兔笼。多为水泥结构，即四周用水泥和砖砌成一

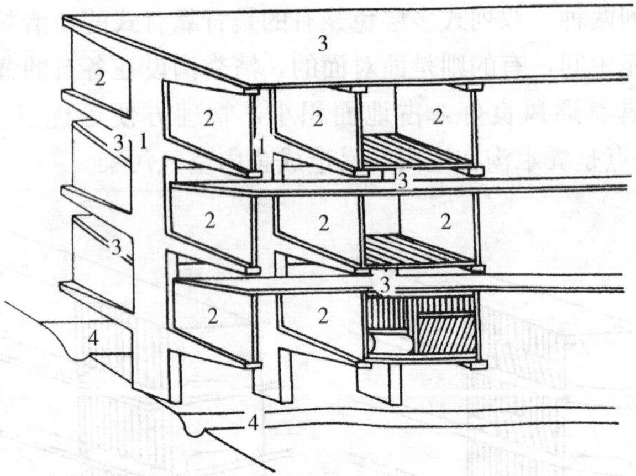

图 7-12　立柱式双向层笼外形图

1. 长臂立柱架　2. 侧壁板　3. 顶板　4. 粪水沟

个高 60～80 厘米的长方形墙围，开口朝上，无笼门。笼底一般长为 60～120 厘米，宽为 60～70 厘米。笼底铺垫干净褥草，可定期更换。这种兔笼的优点是可使哺乳仔兔和幼兔感到舒适，有利于冬季仔兔保温和生长发育。缺点是清扫、更换垫草和给水喂料不方便。

（二）料槽

又称食槽。目前常用的有竹制、陶制、水泥制、铁皮制及塑料制等多种形式。规模较大及机械化程度较高的兔场多采用自动喂料器，一般用镀锌铁皮或硬质聚乙烯塑料制成；群养幼兔或运动场上，一般用竹制长食槽，即用 50～100 厘米长的粗竹劈成两片，除去中间隔节，两端再钉上长方形木片即成（图 7-13a）。笼养兔常使用陶制、水泥制食盆（图 7-13b），其口径为 14 厘米左右，高约 4.5 厘米。多层笼养兔常用转动式或抽屉式饲槽（图 7-13c、d），这种饲槽一般用镀锌铁皮制成。不论何种饲槽，均应结实牢固，不易破碎或翻倒，便于清洗和消毒。

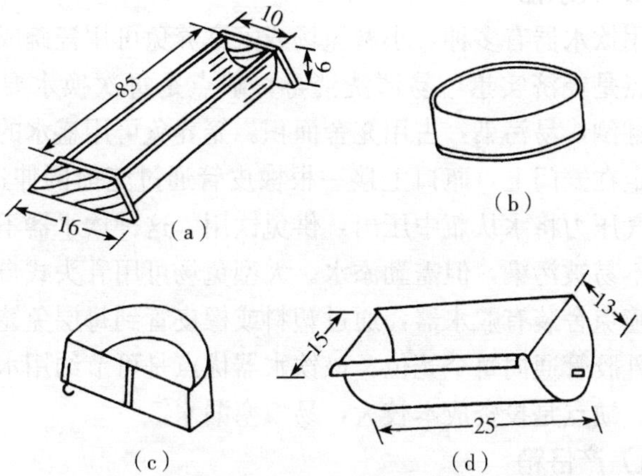

图 7－13　各式饲槽（单位：厘米）

(a) 长食槽　(b) 陶制食盆

(c) 抽屉式饲槽　(d) 转动式饲槽

（三）草架

用于饲喂青绿饲料和干草。一般用木条、竹片钉成“V”形。群养幼兔或运动场用的草架可钉成长 100 厘米、高 50 厘米，上口宽 40 厘米的“V”形（图 7－14a）；笼养兔的草架一般固定在兔笼前网上，草架内侧间隙为 4 厘米，外侧为 2 厘米，可用粗铁丝、竹片或木条制成（图 7－14b）。

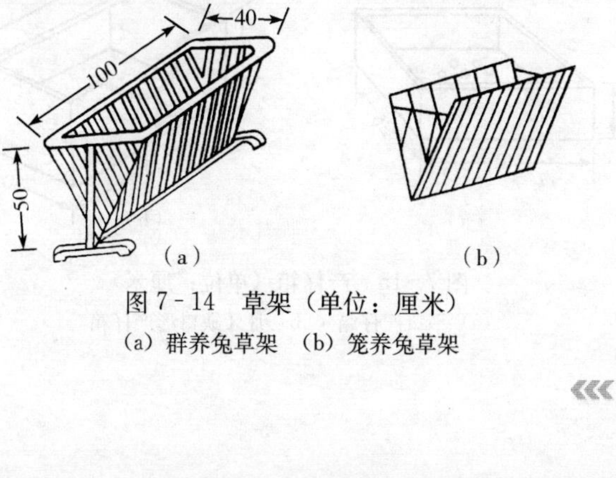

图 7－14　草架（单位：厘米）

(a) 群养兔草架　(b) 笼养兔草架

（四）饮水器

兔用饮水器有多种。小型兔场或家庭养兔可用瓷碗或陶瓷水钵，优点是经济实惠，易清洗消毒；缺点是每次换水要开启笼门，易翻倒，易污染，占用笼舍面积。笼养兔可用盛水的玻璃瓶倒置固定在笼门上，瓶口上接一根橡皮管通过笼前网伸进笼内，利用空气压力将水从瓶中压出，供兔饮用。这种饮水器不占笼内面积，不易被污染，但需勤添水。大型兔场可用乳头式自动饮水器，每幢兔舍装有贮水器，通过塑料或橡皮管到每层兔笼舍，然后再用乳胶管通向每个笼位。该饮水器优点是可节约用水，能防止污染。缺点是投资成本较大，易填塞漏水。

（五）产仔箱

是给母兔产仔并给仔兔哺乳的设备，也是仔兔生活的场所。一般用木板或硬质塑料制成。目前，我国兔场多采用木制产仔箱，有两种式样：一种是敞开的平口产仔箱（图 7－15a），用1～1.5 厘米厚的木板钉成 40 厘米×26 厘米×13 厘米的长方形木箱，箱底有粗糙锯纹，并留有间隙或开有小洞，使仔兔不易滑倒并有利于排除尿液。另一种是月牙形缺口产仔箱（图 7－15b），可竖起或横倒使用，产仔、哺乳时可横倒，以增加箱内面积，平时则可竖立以防仔兔爬出箱外。

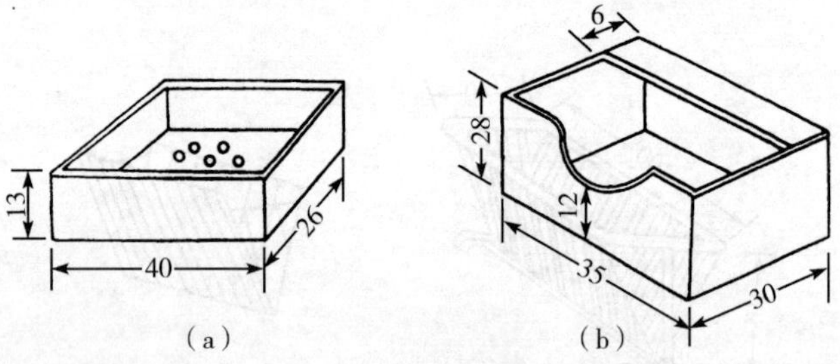

图 7－15　产仔箱（单位：厘米）
（a）平口产仔箱　（b）月牙缺口形产仔箱

（六）排污系统

主要包括粪沟、排水管、粪水池及清粪机械等。粪沟主要用于排粪尿及污水，建造时要求表面光滑不渗漏，并有5%的倾斜度。粪水池用于贮存由兔舍排出的粪水，应设在离兔舍20米以外的下风处，池口应高出地面10～20厘米，以防地面水流入池内。目前，我国绝大部分兔场均采用人工清扫或水冲粪便方法，人工清扫虽可节省投资，但费工费时。用水冲粪便多用于多列式兔舍，虽可节省人工，但耗水量较大。机械化程度较高的兔场，一般采用牵引式刮粪板，由电机牵引钢绳使刮粪板来回刮动，将粪尿污物全部刮至粪水池中，这种排污系统结构简单，造价低，但用久之后，刮粪板因磨损而刮不干净。

第八章 肉兔的常见疾病与防治

一、肉兔的健康检查与卫生防疫

（一）健康检查

肉兔对疾病的抵抗能力较差，需及早发现、及时采取措施、及早治疗。这就需要随时观察兔群情况，特别是每天早、晚饲喂时注意观察肉兔的健康状况。

1. 食欲 健康肉兔喂食时即跳守在笼门前，用前爪抓笼门，用牙咬笼门，有急欲求食的表现，吃食迅速，采食量与往常无异。如食欲不振，剩食较多，常见于发病的初期；如动作呆板或无动于衷，食欲废绝是病重的表现。

2. 粪便 健康肉兔肛门周围及后腿部干净无粪球粘污，兔粪呈椭圆形，外显草茬，光滑匀整，颜色因喂料不同而呈褐色、黑色或草黄色等。如粪粒变大变软、稀薄不成形；或粒小坚硬，细长，尖如鼠粪状，上面有黏液状物质等，都是生病的表现。

3. 鼻孔 正常肉兔鼻孔周围干净，无黏液流出，无喷嚏，呼吸均匀，用手触摸鼻镜，夏季湿润发凉，冬季干燥温暖。如鼻端粘污，鼻腔有分泌物外溢多属病态。

4. 眼睛 健康肉兔眼睛明亮有神，眼角无眼屎或有时有少量分泌物附着。若眼角分泌物过多，眼结膜红肿或流泪等，均为患病的表现。

5. 耳朵　健康肉兔的耳朵转动自如，耳大而直立（垂耳兔除外），耳内无垢，手摸时感到温暖，若摸时感到过热或过凉均属病症。

6. 被毛及皮肤　健康肉兔的皮肤柔软而有弹性，被毛浓密而富有光泽。若皮肤有癣痂、肿瘤，被毛蓬松、粗乱而无光泽，则是患病的表现。

7. 体温　肉兔的体温不如其他家畜那么稳定，有时会随环境温度升降而产生波动。一般成年兔正常体温为38.5～39.5℃，仔兔则可达40℃。体温高于或低于正常体温1℃时则为病态。肉兔体温的测定是，将体温表先用酒精棉球消毒，涂上凡士林，然后轻轻插入肛门约3厘米深处，3分钟后取出，擦去上面的污物，读出水银柱的度数即可。

8. 脉搏　检查脉搏可以了解心脏活动与血液循环状态。健康肉兔脉搏为80～100次/分，幼兔为100～160次/分，一些生理性因素，如年龄、性别、品种、生产性能、兴奋、恐惧、外界温度等，均可引起脉搏次数发生变动。肉兔的脉搏可在肱骨内侧桡动脉进行触诊，据心搏动或心音频率做出诊断。

（二）卫生防疫措施

肉兔个体小，易感染病毒、病菌，饲养数量多，治疗起来费时费事，所以，要想养好兔必须制定出行之有效的卫生防疫制度。

1. 严格检疫　为防止疾病的入侵，应尽量避免从外地购兔，坚持“自繁自养”。如需购入种兔、饲料和用具等，只能从非疫区输入，并凭“检疫合格证”才能入场。凡外购兔均需隔离饲养1个月，经全面检查确认无病时，方可混群饲养。禁止场内人员到疫区或可疑疫区参观学习，同时也应严禁疫区人员来场参观学习，平时不许场外人员进场参观。

2. 坚持消毒制度，按时接种疫苗　消毒的目的是消灭病原体，切断传染途径，杜绝一切传染来源，防止疾病蔓延。兔场消毒制度应包括以下几个方面。

（1）场舍出入口应设消毒池（槽）　放入干石灰或10%～20%石灰水或2%火碱水或3%来苏儿水，以便人员、车辆出入消毒。

（2）坚持每天清扫兔舍内外　粪便及污物集中在粪池或堆积发酵消毒，杀灭病原微生物和寄生虫虫卵。夏季，用10%～20%的新鲜石灰水或5%～20%漂白粉水喷洒舍内外地面、墙壁等，每周一次；冬季酌情进行。在用腐蚀性较强的消毒药时，消毒后必须用清水冲洗干净，干燥后才能放入兔。

（3）兔笼、食槽、饮水用具要定期消毒　可用开水或2%热碱水烫洗木制兔笼、用具等；金属兔笼、用具可用火焰消毒，或浸入开水中10～15分钟；产仔箱、垫板、垫草和饲料等，可定期暴晒1～2小时。另外，用具消毒之前应将用具上的污物及剩食消除干净再消毒。

（4）预防接种　从某种程度上可以预防某些疫病的发生和蔓延，因此，兔场应定期对兔群进行预防接种。目前，兔病毒性出血症（兔瘟）、兔巴氏杆菌病、兔A型魏氏梭菌病等传染病，均有疫苗问世，有三联苗、二联苗。从实际使用情况看，不同生产厂家生产的疫苗使用效果各不相同。常用疫苗及使用方法见表8-1。

表8-1　肉兔常用疫苗及使用方法

疫苗名称	预防疾病	使用方法	免疫期
兔瘟疫苗	兔瘟	断奶后，每只兔皮下注射0.5毫升，7天后产生免疫力，15～20天再皮下注射1毫升；成年兔每年注射2次	6个月
巴氏杆菌灭活苗	巴氏杆菌病	30日龄以上兔，每只兔皮下注射1毫升，7天后产生免疫力；成年兔每年注射2次	4～6个月

（续）

疫苗名称	预防疾病	使用方法	免疫期
魏氏梭菌性肠炎灭活苗	魏氏梭菌性肠炎	30日龄以上兔，每只兔皮下注射1毫升，7天后产生免疫力；成年兔每年注射2次	4～6个月
支气管败血波氏杆菌活苗	支气管败血波氏杆菌病	孕兔产前2～3周，断奶前1周仔兔，青、成年兔，每只兔皮下或肌注1毫升，7天后产生免疫力；每只兔每年注射2次，每次2毫升	6个月
伪结核病灭活菌	伪结核耶新氏杆菌病	断奶前1周仔兔，青、成年兔，每只兔皮下或肌注1毫升，7天后产生免疫力；每只兔每年注射2次	6个月
沙门氏菌病疫苗	沙门氏菌病（下痢或流产）	断奶前1周仔兔，妊娠初期母兔，青、成年兔，每只兔皮下或肌注1毫升，7天后产生免疫力；每只兔每年注射2次	6个月
巴瘟二联苗	巴氏杆菌病、兔瘟	断奶后，每只兔皮下注射0.5毫升，7天后产生免疫力，2～3月龄再注射1毫升；每只兔每年注射2～3次	4～6个月
巴魏二联苗	巴氏杆菌病、魏氏梭菌性肠炎	20～30日龄仔兔，每只兔皮下注射1毫升，2～3月龄再注射2毫升，7天后产生免疫力；每只兔每年注射2次	4～6个月
魏瘟二联苗	魏氏梭菌性肠炎、兔瘟	断奶后，每只兔皮下注射1.5毫升，7天后产生免疫力；每只兔每年注射2次	4～6个月
瘟巴魏三联苗	兔瘟、巴氏杆菌病、魏氏梭菌性肠炎	断奶后，每只兔皮下注射1.5毫升，7天后产生免疫力；每只兔每年注射2次	4～6个月

3. 发现疫病，及时隔离封锁　兔场一旦发现传染病，应立

即检查全部兔群，据检查结果，采取有效措施，及早进行诊治和扑灭工作。

（1）及时隔离　兔场发现传染病后，应尽快将无任何症状与病兔无明显接触的兔，转移场地分养，确保安全；对症状不明显，但与病兔及污染环境有过接触、有可能带菌（毒）的危险兔应分群看养，进行预防性治疗，只要出现症状，立即转入病兔群；如经1～2周不发病者，可取消限制饲养；症状明显的病兔，留原场所，由专人饲养，专人观察和治疗，饲料、饮水和用具等单独专用，粪便要单独处理，出入人员必须严格消毒。

（2）尽快诊断，上报疫情　当兔场流行疫病时，要尽快诊断，并提出扑灭措施。同时，要将发生的疫情及防治情况向上一级部门报告，以取得他们的重视和支持，还应通知附近的兔场和养兔专业户，以便采取措施，防止疫情扩大化。

（3）病兔治疗　对可以挽救的病兔进行治疗，以减少损失和进一步消除传染来源。

（4）严格消毒　对病兔舍、用具等进行彻底消毒，防止病原体继续扩散传播疾病。

（5）病料处理　对淘汰的重病兔及病死兔的尸体、粪便和垫草要集中烧毁或深埋。

发生疫病后进行隔离封锁，直到扑灭后两周不再发现病兔时，方可解除封锁。

4. 扑杀疫病传播者　有害吸血昆虫、节肢动物和鼠类都是肉兔某些传染病病原体的传播者，杀虫灭鼠对控制疫病流行和维护公共卫生有重要意义。

二、肉兔的常用药及用药方法

（一）常用药物

肉兔的常用药物很多，主要有消毒防腐药、抗生素、磺胺药、抗菌药、抗球虫药、抗寄生虫药、维生素类、作用于消化系统的药物及其他常用药等，现分别介绍各类药物的作用与用途、用量与用法及注意事项。

1. 抗生素类

（1）青霉素G钾（钠）

作用与用途：对大多数革兰氏阳性细菌（包括球菌和杆菌）、部分革兰氏阴性球菌，各种螺旋体和放线菌有很强的抗菌作用，对阴性杆菌和病毒无效。主要用于兔葡萄球菌病、李氏杆菌病、呼吸道感染、子宫炎、乳房炎、眼部炎症和兔螺旋体病等。

剂量：每千克体重2万～4万国际单位。

用法：用注射用水或灭菌生理盐水溶解肌注，每天2～3次。鼻炎时可按每毫升注射用水加4万～6万国际单位，滴鼻；乳房炎时可在患部周围分4～6点，皮下封闭。

注意事项：必须现配现用；不可加热助溶；不能与酸、碱性药物混用。

（2）氨苄青霉素

作用与用途：对大多数革兰氏阳性菌的抗菌效力与青霉素相似，对多数革兰氏阴性菌也有较强的抗菌作用。主要用于治疗肺炎、乳房炎、巴氏杆菌病、伪结核病、野兔热和黏液性肠炎等。

用法与用量：肌肉、静脉注射，剂量为每千克体重2～5毫克，每天2～3次；内服剂量为每千克体重每次11～12毫克，每天2～3次。

注意事项：可与卡那霉素，庆大霉素合用，有协同作用。

（3）硫酸链霉素

作用与用途：主要对结核杆菌和多数革兰氏阴性杆菌有效，对革兰氏阴性球菌的作用不如青霉素。主要用于结核杆菌病、布氏杆菌病、巴氏杆菌病、大肠杆菌病、乳腺炎、子宫炎等。

用法与用量：肌肉注射，剂量为每千克体重20毫克，每天2次；口服剂量为0.1～0.15克/只。

(4) 硫酸庆大霉素

作用与用途：对大多数革兰氏阴性菌有较强的抗菌作用，对常见的革兰氏阳性菌也有效。主要用于耐药性金黄色葡萄球菌、绿脓杆菌、变形杆菌、大肠杆菌等敏感菌引起的感染，如肺炎、肠炎、下痢、巴氏杆菌病、乳腺炎等。

用法与用量：肌肉注射，每千克体重1～2毫克，每天2次；内服剂量为每千克体重10～15毫克，均分3～4次服用。

(5) 硫酸卡那霉素

作用与用途：主要对革兰氏阴性菌如大肠杆菌、肺炎杆菌、沙门氏菌、巴氏杆菌、耐药性金黄色葡萄球菌、链球菌等有效。主要用于大肠杆菌病、巴氏杆菌病、沙门氏菌病及呼吸道感染、泌尿道感染、乳腺炎等。

用法与用量：肌肉注射，每千克体重10～15毫克，每天2～3次。

(6) 盐酸土霉素（出口禁用）

作用与用途：广谱抗生素，对革兰氏阳性菌、阴性菌、依原体、支原体、螺旋体、立克次氏体、钩端螺旋体、原虫均有一定抑制作用。主要用于兔球虫病、密螺旋体病、肠道感染、衣原体肺炎、巴氏杆菌病及大肠杆菌病的防治。

用法与用量：口服日量为每只100～200毫克，分2～3次内服；肌肉注射，每千克体重40毫克，每天2次。

注意事项：勿与碱性药品及含钙、镁、铝、铁高的饲料和药物配合应用，以生理盐水或5%葡萄糖溶液溶解注射。

(7) 红霉素

作用与用途：对革兰氏阳性菌的作用较强，对螺旋体也有抑制作用。主要用于治疗耐青霉素金黄色葡萄球菌引起的感染。

用法与用量：以注射用水溶解成5%溶液，再以5%葡萄糖溶液稀释成10毫克/毫升，肌注或静注，每千克体重5～7毫克，每天2次。

（8）硫酸抗敌霉素（多黏菌素 E）

作用与用途：对革兰氏阴性杆菌有强大抗菌作用，对绿脓杆菌尤为有效，对革兰氏阳性菌和真菌无效。内服后主要在肠道内发挥抗菌作用，细菌不易产生耐药性。主要用于绿脓杆菌、大肠杆菌等引起的各种感染，如兔肠炎、下痢等。

用法与用量：口服或肌注，每千克体重 2 万～3 万国际单位，每天 2 次。

注意事项：多黏菌素有明显的神经和肾脏毒性，疗程不宜过长。与庆大霉素、链霉素合用，可能引起肌无力和呼吸暂停，故不宜任用。

2. 磺胺类药物

作用与用途：磺胺类药物是一类合成的抗微生物药，对大多数革兰氏阳性菌和革兰氏阴性菌都有抑制作用，但主要是抑制细菌繁殖，一般无杀菌作用。对磺胺类药敏感的细菌有高度敏感菌和次敏感菌之分，属于高度敏感的细菌有链球菌、肺炎球菌、沙门氏菌、化脓性棒状杆菌、大肠杆菌等；属于次敏感的有葡萄球菌、变形杆菌、巴氏杆菌、魏氏梭菌、肺炎杆菌、李氏杆菌、炭疽杆菌、波氏杆菌等。有些磺胺药对衣原体、放线菌、球虫及弓浆虫有抑制作用，但对螺旋体、立克次氏体及结核杆菌无效。主要用于治疗敏感菌所引起的感染，如出败、副伤寒、李氏杆菌病、葡萄球菌病及呼吸道、消化道炎症。

磺胺增效剂，是一类新型广谱抗菌增效药物，抗菌谱与磺胺药基本相似，与磺胺药联合应用时，抗菌作用可增强数倍至数十倍，甚至可出现杀菌作用。因此，本品多为与磺胺药的复合剂，以增强其疗效。

注意事项：磺胺药使用时应按照下列原则。

（1）严格掌握适应症，对病毒性疾病不宜应用。

（2）磺胺药只能抑菌，不能杀菌，治疗期间须加强肉兔饲养管理，以提高机体抵抗力，增强治疗效果。

(3) 为维持有效抑菌浓度，首次剂量应加倍，然后，间隔一定时间给予维持量。疗程要充足，待急性感染症状消失后，继续给药2～4天。

(4) 对急性感染或严重感染病兔，应选用磺胺钠盐深部肌肉注射或静脉缓慢注射。

(5) 用药后应给予充足饮水，必要时可灌服水。

(6) 肝脏病、肾功能减退、全身性酸中毒应慎用或禁用。

(7) 不要与普鲁卡因、丁卡因等含对氨苯甲酰基药物合用。

(8) 为防止析出结晶，损害肾脏，可加等量碳酸氢钠。

常用的磺胺药有以下几种。

(1) 磺胺嘧啶（SD） 内服或拌料饲喂，首次剂量，每千克体重0.2～0.3克，维持剂量，每千克体重0.1～0.15克，12小时1次；肌肉或静脉注射，每次每千克体重0.07～0.1克，每天2次。

(2) 磺胺二甲基嘧啶（SM_2） 用法与用量同磺胺嘧啶，本药经常用于球虫病、巴氏杆菌病的防治。

(3) 磺胺间甲氧嘧啶（SMM，制菌磺） 抗菌作用在同类药中最强，对球虫及弓浆虫也有较好作用。内服、注射剂量为每千克体重0.07克，每天2次。

(4) 复方磺胺间甲氧嘧啶片 为磺胺间甲氧嘧啶（SMM）与抗菌增效剂（TMP）的复合制剂，每片磺胺间甲氧嘧啶0.4克+抗菌增效剂0.1克，内服剂量为每千克体重30毫克，每天1次。

(5) 磺胺甲基异噁唑（新诺明，SMZ） 内服，首次剂量，每千克体重0.1克，维持量，每千克体重0.05克，每天2次。

(6) 复方磺胺甲基异噁唑片（复方新诺明片） 本品为新诺明（SMZ）与抗菌增效剂（TMP）的复合制剂；每片抗菌增效剂0.08克+新诺明0.4克。内服剂量，每千克体重30毫克，每天2次；肌注或静注，每千克体重20～25毫克，每天1次。

(7) 磺胺对甲氧嘧啶 (SMD)(消炎磺，磺胺-5-甲氧嘧啶) 内服，首次剂量，每千克体重0.1克，维持剂量，每千克体重0.05克，每天1次。抗菌作用较磺胺间甲氧嘧啶弱。

(8) 复方磺胺对甲氧嘧啶 (复嘧啶) 为磺胺对甲氧嘧啶与抗菌增效剂的复合制剂，每片抗菌增效剂0.08克＋磺胺对甲氧嘧啶0.4克，抗菌作用较磺胺对甲氧嘧啶强。内服剂量，每千克体重30毫克，每天1次。肌注或静注，每千克体重20～25毫克，每天1次。

(9) 磺胺邻二甲氧嘧啶 (SDM，周效磺胺) 抗菌作用同磺胺嘧啶，稍弱。内服剂量：首次剂量，每千克体重0.05克，维持量，每千克体重0.025克，每天1次；肌注或静注，每千克体重25毫克，每天1次。

(10) 磺胺脒 (磺胺胍，SG) 口服或拌料，维持剂量，每千克体重0.1～0.15克，每天2次。主要用于治疗肠道感染。

(11) 磺胺醋酰钠 (SA—Na) 滴眼剂 为10%～30%的溶液剂，主要用于结膜炎、角膜炎等眼部感染。

用法：点眼。

(12) 三甲氧苄氨嘧啶 (TMP) 为抗菌增效剂，与磺胺药作用机制相似，系抑制二氢叶酸还原酶，阻碍细菌核酸的合成，但阻断不同的合成环节，两者合用有增效作用。

注意事项：长期大剂量应用，影响动物叶酸的代谢和利用，引起骨髓造血机能抑制。对实验鼠有致畸胎作用，故母兔怀孕早期 (10～15天) 不宜使用。

(13) 二甲氧苄氨嘧啶 (敌菌净，DVD) 为抗菌增效剂，抗菌机理与三甲氧苄氨嘧啶相同，内服吸收差，胃肠道内保持较高浓度。因此，主要用于防治肠道细菌感染和球虫病。内服剂量，每千克体重10毫克，每天2次。

3. 其他抗菌药物

(1) 灰黄霉素

作用与用途：吸收后可沉积在皮肤角质层，与皮肤毛囊及趾甲的角蛋白结合，对皮肤真菌（如小孢子菌、表皮癣菌和毛癣菌）引起的癣病，有治疗和预防作用。主要用于治疗脱毛癣。

用法与用量：内服，每千克体重25毫克，每天1次，连用7～14天。

（2）克霉唑

作用与用途：抗浅表真菌，能到达皮肤角蛋白组织内，用于治疗脱毛癣。

用法：将克霉唑软膏涂擦患部，一般2次即愈。

（3）氟喹诺酮类　该类药物主要有诺氟沙星（氟哌酸）、依诺沙星（氟啶酸）、氧氟沙星（氟嗪酸）、环丙沙星（环丙氟哌酸）、恩诺沙星、达氟沙星、二氟沙星、沙拉沙星等。

作用与用途：本类药物对革兰氏阳性菌和阴性菌均有很强的抗菌作用，敏感菌有大肠杆菌、沙门氏菌、绿脓杆菌、巴氏杆菌、金黄色葡萄球菌、链球菌、支原体等。该类药物具有吸收快，不良反应少，使用方便等优点。主要用于敏感菌引起的呼吸道、消化道及泌尿系统感染。

诺氟沙星（氟哌酸）对多数革兰氏阴性菌如大肠杆菌、沙门氏菌、巴氏杆菌及绿脓杆菌有较强的杀菌作用。对革兰氏阳性菌也有作用，特别是对金黄色葡萄球菌作用较强。适用于敏感菌引起的消化道、呼吸道、泌尿系统、皮肤感染等。

用法与用量：混饲，每吨饲料100～200克；内服，每千克体重10～20毫克，一日2次；肌肉注射，每千克体重10毫克，一日2次。

恩诺沙星为动物专用氟喹诺酮类药物，对支原体有特效，对多种革兰氏阴性菌和革兰氏阳性菌有良好抗菌作用。主要用于支原体、大肠杆菌、沙门氏菌、巴氏杆菌、绿脓杆菌、金黄色葡萄球菌、链球菌等引起的感染。

用法与用量：内服，每千克体重2.5～5毫克，一日2次，连用3～5天；肌肉注射，每千克体重2.5～5毫克，一日1～2次，连用2～3天。

4. 防腐消毒药 是一类在体外能迅速抑制或杀灭病原微生物的药物，但对宿主有较大毒性。因此，仅用于皮肤、黏膜表面和周围环境消毒的一类药物。该药物和蛋白质的结合力较强，不但能破坏细菌蛋白质，而且也能不同程度地损伤机体组织的蛋白质。因此，本类药物只限于局部性抗感染，而不用于全身性抗感染，同时对动物体表、医疗器械、厩舍、运动场等环境消毒也具有重要意义。

（1）氢氧化钠（苛性钠） 含氢氧化钠94%的粗制品。

作用与用途：高浓度的氢氧根能水解蛋白质和核酸，破坏酶系统和细胞结构，分解菌体中的糖类，抑制细菌的代谢机能，促使细菌灭亡。低浓度（2%～4%）的氢氧化钠溶液可杀死病毒及细菌繁殖体。高浓度（20%）的溶液可杀灭芽孢，常用于兔舍、交通要道、用具等消毒。

用法与用量：2%热溶液用于被病毒和细菌污染的兔舍、饲槽及环境的消毒；5%溶液可用于炭疽消毒。

注意事项：最好用热水配制，温度每提高10℃，杀菌效果增强1倍；由于碱对金属物品、动物体及纺织物均有腐蚀性，所以，使用时应防止其破坏作用。

（2）石灰（氧化钙）

作用与用途：灰白色，块状，加水生成氢氧化钙，解离的氢氧根离子，对大多数繁殖型病菌有较强的杀灭作用。

用法与用量：加水配成10%～20%的石灰乳，涂刷兔舍墙壁和地面喷洒消毒，亦可用干粉铺洒地面消毒。

注意事项：生石灰易接触空气而变为粉末失效，应干燥保存，石灰乳应现用现配，不宜久存。

（3）来苏儿（煤酚皂）溶液 含煤酚50%的红棕色的浓稠液体。

作用与用途：本品易溶于水（呈乳白色液体）和酒精，能使菌体蛋白变性、沉淀，有杀病菌、病毒和疥癣虫的作用，但对芽孢无效。

用法与用量：1%～2%溶液用于体表、手指和器械消毒；5%溶液用于兔舍、污物消毒；成年兔，取1～2毫升，加水配成1%以下浓度，内服，可治疗肠臌胀、腹泻及便秘等疾病。

注意事项：为避免对兔呼吸黏膜的损伤，使用面积不宜过大，同时应加强通风；高浓度煤酚皂溶液对皮肤和黏膜有烧灼作用，吸收后可抑制和麻痹呼吸中枢，使用时应注意浓度和防止中毒。

（4）漂白粉（含氯石灰） 系次氯酸钙、氯化钙、氢氧化钙的混合物，含有效氯25%～30%。

作用与用途：漂白粉遇水产生次氯酸，次氯酸可形成活性氯和初生态氧，使细菌原浆蛋白氧化或氯化变性，对芽孢有杀灭作用，还有除臭作用。杀菌作用强，但不持久。

用法与用量：5%～20%混悬液，用于笼舍、排泄物喷洒消毒；每1 000毫升水加0.3～1.5克漂白粉，不但具有杀菌作用，而且可除臭。

注意事项：不宜作金属物品的消毒，宜现配现用，不宜久存。

（5）新洁尔灭（溴化苄烷胺）

作用与用途：为广谱消毒药，对革兰氏阳性菌、阴性菌、霉菌及有囊膜病毒（兔疱疹病毒、兔痘病毒）有抑制或杀灭能力，对病毒、芽孢、结核杆菌、绿脓杆菌没有杀灭作用。易溶于水，性质稳定，对组织刺激性小，穿透力强，毒性低，并有脱脂、去污功效。

用法与用量：0.05%～0.1%溶液用于外科术前洗手消毒；0.1%溶液用于皮肤消毒；0.01%～0.05%溶液用于黏膜消毒；0.1%溶液用于器械、器皿消毒，消毒30分钟，金属器械消毒需加0.5%亚硝酸钠防腐。

注意事项：该药禁止与肥皂、碘剂、盐类、碱、高锰酸钾等配合，以免失效。另外，其杀菌作用易受有机质的影响，并能吸附于玻璃、塑料等物体上，而降低消毒浓度。

(6) 酒精（乙醇） 为无色易燃、易挥发液体，可与水、油混合。

作用与用途：乙醇可使蛋白质变性，呈现中等杀菌效力，能杀死普通细菌，对芽孢无效。主要用于皮肤和器械的消毒。

用法与用量：稀释为70%～75%的水溶液，用于皮肤（术部、注射部位）和器械（注射针头，体温表浸泡30分钟）消毒。

注意事项：有蛋白质存在时，杀菌力减弱；95%浓度的渗透力比70%～75%浓度的渗透力差，消毒效果不好。

(7) 甲醛溶液（福尔马林） 含甲醛40%的无色透明液体。

作用与用途：能与蛋白质的氨基结合，使蛋白质变性，具有较强的广谱杀菌作用，对细菌繁殖体、芽孢、真菌和病毒均有效。

用法与用量：每立方米空间用福尔马林15～30毫升，加等量水后加热，或加9～18克高锰酸钾，使其产生甲醛气体，进行甲醛熏蒸消毒，适用于不适合液体消毒的物体表面消毒，如兔舍、仓库、衣服、实验室等，消毒时间为8～10小时；10%浓度的福尔马林可用于固定病料；10%～20%浓度的福尔马林可作喷雾、浸泡消毒。

注意事项：甲醛熏蒸消毒须有较高的室温和相对湿度，室温不低于15℃，相对湿度为60%～80%。甲醛刺激性较强，消毒后应令其挥发后再将兔放入兔舍，避免溶液与动物接触。

(8) 碘酊（碘酒）

作用与用途：为最常用的皮肤消毒药，能氧化病原体原浆蛋白的活性基因，并与蛋白质的氨基结合而使其变性，有很强的杀灭细菌、芽孢、病毒、真菌、原虫的能力。

用法与用量：2%的碘酊用于手术部位、注射部位、手指及小面积创伤消毒；5%～10%浓碘酊可用于皮肤刺激药，治疗腱炎、腱鞘炎、关节炎等慢性局部炎症的治疗。

2%碘酊的配制：取碘化钾1克溶于少量蒸馏水中，加碘片2克与适量70%（或75%）酒精，搅拌使其溶解，再加70%酒精至100毫升即得。

(9) 碘甘油　为含3%碘的甘油溶液。

作用与用途：本品刺激性小，可涂布于黏膜表面，用于口炎、咽炎、鼻炎或皮薄处的浅表溃疡面。

碘甘油的配制：取碘化钾3克溶于适量蒸馏水中，再加入碘片3克，搅拌溶解，最后加甘油至100毫升。

(10) 硼酸

作用与用途：白色片状结晶或粉末，溶于水、醇和甘油。对组织无刺激性，抗菌作用较弱，只有抑菌作用，没有杀菌作用。常用于眼、鼻腔、创伤、外生殖器的冲洗，常用浓度为2%～4%。

(11) 高锰酸钾（锰强灰）

作用与用途：深紫色结晶，易溶于水，无臭。是一种强氧化剂，与有机物相遇时，能放出初生态氧，将有机物氧化，具有强的抗菌、除臭作用。高锰酸钾还原后所生成的二氧化锰，能与蛋白质结合成蛋白盐类复合物，有收敛、止泻等作用。

用法与用量：0.1%高锰酸钾溶液，内服，可治疗兔肠炎、腹泻，还可用于生物碱、氰化物中毒时洗胃；外用，冲洗黏膜、创伤及溃疡等。

(12) 龙胆紫（甲紫）

作用与用途：对革兰氏阳性菌有选择性抑菌作用，亦有抗霉菌作用。对组织无刺激性，毒性小，还能与坏死组织凝结成保护膜，起收敛作用。

用法与用量：1%～3%水溶液或酒精溶液，用于皮肤、黏膜创伤及溃疡消毒。

注意事项：配制时，先以适量10%的乙醇溶液溶解，再加蒸馏水稀释。

（13）次氯酸钠　白色乳状，含有效氯10%左右。

作用与用途：杀菌作用强，可杀死细菌、病毒以及某些原虫，对芽孢也有一定的杀灭力。可用作兔舍、用具及环境的消毒。

用法与用量：加水稀释为0.5%溶液，喷洒消毒。

注意事项：刺激性和腐蚀性较强，不宜消毒金属器具。

（14）二氯异氰尿酸钠（优氯净）　含有效氯60%左右。

作用与用途：杀菌作用极强，能杀灭包括芽孢在内的各种病原微生物，可用于兔舍、用具及环境的消毒。

用法与用量：配成2.5%～10%的水溶液喷洒或以干粉铺洒。

注意事项：本品刺激性和腐蚀性较次氯酸钠弱，使用较安全。

（15）二氧化氯（氧氯灵）　含亚氯酸钠1 000毫克/千克、1 500毫克/千克。

作用与用途：杀菌作用强，能杀灭细菌繁殖体、病毒、真菌及细菌芽孢，可用于器具消毒。

用法与用量：配成700～800毫克/升水溶液喷洒消毒。

注意事项：对金属器具及动物体有腐蚀刺激作用，不宜用于金属物品消毒。

（16）聚乙烯吡咯酮碘（碘附）　含有效碘1%。

作用与用途：广谱消毒药，对各种革兰氏阳性菌和革兰氏阴性菌、病毒、真菌及孢子都有杀灭作用，还可杀灭细菌芽孢及一些原生动物。可用于兔舍、用具消毒。

用法与用量：稀释为100～150毫克/升水溶液喷洒。

注意事项：避光、避热、阴凉处保存。

(17) 双氧水(过氧化氢溶液)　含2.5%~3.5%的过氧化氢。

作用与用途：与破损组织接触可释放大量氧，成气泡状，有消除坏死组织、脓块、血块作用，可用于清洗创伤，杀菌作用弱。

用法：直接用于清洗创面。

注意事项：避光保存。

(18) 过氧乙酸　含过氧乙酸18%~20%。

作用与用途：为强氧化剂，对细菌、病毒、霉菌及芽孢均有杀灭作用。可用于兔舍、笼具、食槽的消毒。

用法与用量：用0.05%~0.5%的溶液，喷洒消毒兔舍、用具等；按1~3克/米^3，稀释为3%~5%的溶液后加热，用其产生的过氧乙酸气体进行熏蒸消毒。

(19) 雷佛奴尔(利凡诺尔)

作用与用途：对革兰氏阳性菌和少数革兰氏阴性菌有很强的抑制作用，对组织的穿透力强，无刺激性。可用于冲洗或湿敷创伤及感染。

用法与用量：配成0.1%水溶液，冲洗或涂擦患处。

注意事项：溶液遇光变色，宜现配现用，不宜久存。

(20) 洗必泰(双氯苯双胍乙烷)　白色晶状粉。

作用与用途：广谱消毒药，毒性低。可用于创伤消毒、洗手消毒及术前皮肤术野消毒等。

用法与用量：配成0.05%溶液消毒创伤，0.02%溶液洗手消毒，配成0.5%的醇溶液消毒皮肤术野。

5. 抗球虫药

(1) 磺胺喹噁啉(SQ)

作用与用途：属磺胺类药物，临床上主要用于抗球虫病。该药物主要作用于球虫的无性繁殖阶段，抑制第二世代裂殖体的发育，对第一世代裂殖体也有一定作用，在感染后第四天作用最强。

用法与用量：按0.05%～0.1%的比例混饲，或按0.02%～0.03%的比例饮水喂药，连用3～4周，可有效地预防球虫病。

注意事项：高浓度长时间连续应用，有可能引起维生素K缺乏性出血和组织坏死。

(2) 氯苯胍（罗苯尼丁）

作用与用途：本品具有广谱、高效、低毒、适口性好等优点，除兔肠艾美耳球虫外，对其他多种球虫均有良效。主要通过抑制虫体内的氧化磷酸化作用和三磷酸腺苷酶的活性，抑制第一代裂殖体的生长繁殖，对第二代裂殖体也有作用，作用的高峰期在感染后第三天。

用法与用量：从兔断奶开始，每千克饲料加入150毫克，连续饲喂45天，预防球虫病发生；治疗剂量按每千克饲料加入300毫克，连喂1～2周，病情稳定后，改用预防剂量。

注意事项：长期连用，球虫能形成耐药性，应与其他抗球虫药交替使用。

(3) 氨丙啉

作用与用途：氨丙啉毒性小，安全范围大。可抑制球虫第一世代裂殖体的生长繁殖，在球虫感染后第三天作用最强。

用法与用量：按125～240毫克/千克浓度混饲，或按60～240毫克/千克饮水投药，连用7天，随后浓度减半再喂14天。

(4) 球痢灵（二硝苯甲酰胺）

作用与用途：对多种球虫均有效，毒性低、疗效高，不易形成抗药性，不影响机体对球虫的免疫力，代谢快，残留少。主要抑制无性繁殖裂殖芽孢，对卵囊的孢子形成也有抑制作用，在感染后第三天作用最强。

用法与用量：内服，每千克体重50毫克，每天2次，连用5天；混饲，每千克饲料125～250毫克，连喂7～10天。

(5) 磺胺二甲嘧啶（SM_2）、二甲氧苄氨嘧啶（DVD）复

合剂

作用与用途：对兔球虫病有很好的防治作用。

用法与用量：磺胺二甲嘧啶与二甲氧苄氨嘧啶按 5∶1 比例混合，每千克饲料添加 1～1.25 克，连喂 3 天；或每 1 000 毫升水加 25 毫克复合剂，连饮 8 天。

（6）盐霉素

作用与用途：本品为聚醚类抗球虫药物，通过抑制球虫滋养体二抑制球虫病的发生。

用法与用量：口服，每千克饲料 50 毫克拌料，连喂 7 天。

（7）莫能菌素

作用与用途：通过抑制球虫的滋养体和第一代裂殖体的发育，抑制球虫病的发生。

用法与用量：按每千克饲料加入 40～50 毫克，混饲。从断奶喂至 60 日龄。

注意事项：本品不宜与其他抗球虫药并用，投药时间不宜过长。

（8）地克珠利

作用与用途：本品是新型光谱抗球虫药，具有高效低毒的特点，是目前用药浓度最低的一种抗球虫药物。主要作用于子孢子和第一代裂殖体的早期阶段。

用法与用量：混饲，每千克饲料 1 毫克拌料。

注意事项：由于用药浓度极低，因此，药、料必须搅拌均匀。此外，该药易引起耐药性甚至交叉耐药性（妥曲珠利），因此，连续用药不得超过 6 个月。

（9）克球多（氯吡多）

作用与用途：对球虫第一代裂殖生殖初期有抑制作用，在兔感染球虫之前或同时投药，才能充分发挥其抗球虫作用。

用法与用量：按每千克饲料加入 0.02～0.05 克，混饲，连用 4 周，宰前 5 天停药。

（10）复方制菌磺（复方磺胺间甲氧嘧啶）

作用与用途：本品为磺胺间甲氧嘧啶与抗菌增效剂的复合剂，每片抗菌增效剂 0.1 克＋磺胺间甲氧嘧啶 0.4 克，对兔球虫有较好的防治作用。

用法与用量：内服，每千克体重 30 毫克，每天 1 次；混饲，每千克饲料 1 克，连用 7 天。

6. 其他抗寄生虫药

（1）敌百虫

作用与用途：能杀灭螨、蜱、虱、蚊、蝇等，常用于治疗兔的疥螨。

用法与用量：治疗疥癣时用 1%～2% 水溶液，涂擦或喷洒笼舍；灭蚤、虱用 0.5% 水溶液洗涤。

注意事项：使用时注意浓度准确，以免中毒，中毒可用解磷定注射液，静注，剂量，每千克体重 20～40 毫克。

（2）双甲脒（特敌克）　乳油剂，含双甲脒 12.5%。

作用与用途：新型甲脒类杀虫剂，能杀灭兔体表寄生虫，如疥螨、蜱、虱等的成虫和幼虫。

用法与用量：以 0.01%～0.015% 浓度涂擦或泼洒，7～10 天重复一次。

（3）除虫菊

作用与用途：本品对多数昆虫均有效，杀虫作用极为迅速。主要用于杀灭蚊、蝇、蜱、虱等，也常用于治疗兔疥癣。

用法与用量：配成 1%～3% 乳液涂擦。

（4）溴氰菊酯（倍特、敌杀虫）　乳油剂，含溴氰菊酯 5%。

作用与用途：广谱杀虫药，可杀灭螨、蜱、虱、蚊、蝇等多种有害节肢动物和昆虫。

（5）氰戊菊酯（速灭杀丁）　乳油剂，含 20% 的氰戊菊酯。

作用与用途：广谱杀虫药，可杀灭螨、蜱、虱、蚊、蝇等多种有害节肢动物和昆虫。

用法与用量：配成200～500微升/升涂擦，治疗兔疥螨病。

（6）硫双二氯酚

作用与用途：驱除肝片形吸虫。

用法与用量：内服，每千克体重50～80毫克，每天1次。

（7）甲苯咪唑

作用与用途：治疗兔豆状囊尾蚴。

用法与用量：内服，每千克体重35毫克，每天1次，连服3天。

（8）左噻咪唑

作用与用途：对多种线虫，如胃肠道线虫、肺线虫、肾线虫、心丝虫等均有驱除作用；本品还能增强机体免疫机能，使机体受抑制的巨噬细胞和淋巴细胞功能恢复正常。

用法与用量：内服，每天每千克体重8～12毫克。

（9）伊维菌素

作用与用途：治疗兔疥癣病。

用法与用量：每千克体重500微克，皮下注射，每1～2天用药1次。

7. 维生素类

（1）鱼肝油　每毫升含维生素A 1 500国际单位，维生素D 150国际单位。

作用与用途：维持上皮组织正常机能，促进生长发育，促进钙、磷的吸收及骨组织的沉着，增强骨质的硬度。可用于治疗软骨症、佝偻病、幼兔生长发育迟缓等症，促进创伤、溃疡的愈合。

用法与用量：内服，每次1～2毫升。

（2）维生素A注射剂　规格为25 000国际单位/毫升。

作用与用途：促进生长发育，用于维生素A缺乏症。

用法与用量：肌肉注射，2 500～5 000国际单位/只。

（3）维生素 B_1（盐酸硫胺）　片剂，每片含维生素 B_1 10 毫克。

作用与用途：维生素 B_1 能促进正常的糖代谢，维持神经系统传导及心脏、消化系统的正常机能。用于防治维生素 B_1 缺乏症及消化不良，作为神经炎、心肌炎的辅助治疗药物。

用法与用量：内服，1～2 片/次（10～20 毫克/次），每天 3 次。

（4）维生素 B_2（核黄素）　片剂，每片含维生素 B_2 5 毫克。

作用与用途：维生素 B_2 是黄素酶的辅基，有利于有机物氧化供能，参与氨基酸嘌呤、β-羟酸的分解代谢。可用于防治维生素 B_2 缺乏症。

用量：依据日粮中维生素 B_2 的含量确定喂量。

（5）维生素 C

作用与用途：促进造血机能，增加毛细血管致密度，降低其通透性，增强血管壁抗损伤能力和肉芽组织的增生；具有抗组织胺、抗炎、抗过敏作用；大量应用时有中和毒素、促进机体解毒机能和抗体形成的作用，用于防治坏血病及药疹、荨麻疹、感染性休克的辅助治疗。

用法与用量：内服、肌注或静注，0.05～0.1 克/只，每天 2 次。

（6）维生素 D_2（骨化醇）

规格：胶丸，每粒含维生素 D_2 10 000 国际单位；注射液，每毫升含 40 万国际单位。

作用与用途：可转化为 1，25-二羟胆骨化醇，激活小肠的钙和磷转运系统，促进钙、磷的吸收及骨骼的正常钙化；与甲状旁腺素协调，维持血浆钙的正常水平。用于防治兔的骨软化病、佝偻病及急性低血钙症。

用法与用量：口服或肌注，每只每次 2 500～5 000 国际单位。每日 2 次。

（7）干酵母

作用与用途：含有多种B族维生素，能增进食欲，帮助消化。用于防治消化不良及维生素缺乏症。

用法与用量：内服，每只每次0.2～0.4克。每日1～2次。

(8) 食母生　每片含干酵母0.2克。

作用与用途：含有多种B族维生素，能增进食欲，帮助消化，用于防治消化不良及维生素缺乏症。

用法与用量：内服，1～3片/只。

(9) 维生素E（生育酚）

作用与用途：具有抗氧化作用，保护细胞膜不被过氧化物损害，维持细胞膜的完整机能，防止红细胞破坏而出现溶血，提高繁殖率。对体内多种带巯基的酶也有保护作用。常用于防治维生素E缺乏症、不育症。

用法与用量：内服或肌注，2.5～5毫克/只，每天2次，连用2～3天。

8. 作用于消化系统的药物

(1) 芳香性健胃药

作用与用途：本类药物含挥发油，内服的共同作用是健胃祛风，抑菌制酵，促进呼吸道分泌稀释痰液，有轻度祛痰作用。常用于兔的消化不良、积食、气胀、痰液浓稠、干咳等的治疗。

常用制剂及用法与用量：

陈皮酊：加水内服，2～4毫升/次，1～2次/日。

姜酊：加水内服，2～4毫升/次，1～2次/日。

复方豆蔻酊：加水内服，2～4毫升/次，1～2次/日。

(2) 泻药　是一类能促进肠管蠕动，增加肠内容积或润滑肠管、软化粪便，从而促进排粪的药物。

①硫酸钠

作用与用途：容积性泻药，因不易被肠壁吸收，保持大量水分，增加肠内容积，并软化粪便，同时，可机械性刺激肠壁蠕动加快，促进排便。用于治疗大肠便秘、兔毛球症等，排除肠内发酵腐败产物。

用法与用量：每次每只3～5克，幼兔减半，配成4%～6%的溶液灌服。每日1～2次，连用2～3日。

②硫酸镁

作用与用途及用法与用量：同硫酸钠。

③液体石蜡

作用与用途：矿物油，不被消化、不被吸收，润滑肠管，软化粪便。用于便秘。

用法与用量：内服，每只每次5～10毫升。每日1～2次，连用2～3日。

④蓖麻油

作用与用途：刺激性泻药，在小肠内分解皂化为蓖麻油酸钠和甘油，刺激小肠黏膜，促进小肠蠕动，引起下泻。用于便秘。

用法与用量：成年兔10～15毫升/次，幼兔5～7毫升/次，加等量水内服。每日1～2次，连用2～3日。

⑤大黄苏打片

作用与用途：每片含大黄和碳酸氢钠各0.15克，具有健胃，增加食欲作用。大剂量服用时，出现轻泻作用，作用部位为大肠。主要用于治疗食欲不振、消化不良和便秘。

用法与用量：内服，每只每次0.5克。幼兔减半，每日1～2次。

⑥植物油

作用与用途：灌服大剂量的植物油，如花生油、豆油、菜子油、棉子油等，大部分以原型通过肠道，起到润滑肠管，软化粪便，促进排粪作用。适用于食滞、便秘和毛球症等。

用法与用量：内服，每只每次10～20毫升。每日1次，连用2～3日。

⑦人工盐　含硫酸钾2%，硫酸钠44%，碳酸氢钠36%，氯化钠18%。

作用与用途：可刺激胃肠黏膜，促进分泌，增强胃肠蠕动，增进食欲；具有助消化、清热、利胆、健胃和轻泻作用。

用法与用量：内服，助消化，每只每次 1～2 克。泻下，每只每次 4～6 克。每日 1 次，连用 2～3 日。

（3）止泻药

①鞣酸蛋白

作用与用途：属收敛、保护性止泻药。用于防治肠炎、腹泻等病症。

用法与用量：内服，每只每次 2～3 克。每日 2 次。

②活性炭（药物碳）

作用与用途：吸附胃肠内多种有害物质，如细菌、发酵产物、毒素、生物碱等，减轻内容物对肠壁的刺激。用于防治腹泻、肠炎和救治毒物中毒。

用法与用量：内服，每只每次 0.5～2 克。每日 2 次。

③矽炭银

作用与用途：收敛止泻，用于腹泻和胃肠炎。

用法与用量：内服，每只每次 0.5～1.0 克。每日 2 次。

注意事项：配合抗菌消炎药物应用。

9. 其他常用药物

（1）硫酸阿托品

作用与用途：有松弛平滑肌、抑制腺体分泌和散瞳作用。主要用于治疗消化道平滑肌痉挛，解有机磷中毒，阻止支气管分泌过多（麻醉前给药），救治中毒性休克，治疗虹膜炎、周期性眼炎等。

用法与用量：肌注，每只每次 0.5～5 毫克；滴眼剂滴眼。1 小时后若未见好转可重复用药 1 次。

阿托品滴眼剂配制：硫酸阿托品 0.5～1 克，尼泊金 0.03 克，0.9%生理盐水加至 100 毫升。

（2）复方氨基比林注射液

作用与用途：解热镇痛，消炎抗风湿，用于发热性疾患及关节炎、肌肉疼痛等。

用法与用量：皮下或肌肉注射，都是0.5～1毫升/只，每天2次。

(3) 糖皮质激素

作用与用途：具有抗炎、抗过敏、抗毒及抗休克四大作用，能提高机体对应激反应的耐受力和适应力，对各种原因引起的炎症有抑制作用。主要用于过敏性及免疫性疾病，也可用于中毒性休克及炎症感染。

醋酸可的松：肌注，每只每天12.5毫克，分两次肌注。

地塞米松：肌注，每只每天0.125～0.5毫克，分两次肌注。

(4) 葡萄糖酸钙注射液

作用与用途：用于急性缺钙和胃肠麻痹。

用法与用量：静注或深部肌注，每只每天0.2～0.4克。每天1次。

(二) 常用的给药方法

药物进入机体的途径不同，其吸收速度、作用强弱也不同，有时甚至会改变药物的基本作用。如硫酸镁内服呈泻下作用，而静注则产生镇静、抗惊厥作用。所以应根据病情需要、药物性质与剂型，动物种类不同，选择适当的用药途径。常用的给药方法有经口给药、注射给药、局部给药及环境施药四种。

1. 经口给药 最常用的一种给药方法。让药物通过口腔进入消化道内，或在消化道内发挥作用，或被吸收进入血液循环，发挥全身治疗作用。这种给药方法的优点是操作简便。缺点是药物受胃内容物影响较大，药效出现较慢，吸收不完全，剂量不十分准确。按操作方法不同又分为：

(1) 灌服法 液体药物不用胃管的经口投药法。对不能采食的病兔，可用此法。用皮头滴管或塑料注射器吸取药液，由口腔两侧齿槽间隙处向口腔后部插入，将药液徐徐送至口腔后部；或用汤匙倒执，以柄代嘴插入口角，让药液从柄沟流入口内。灌服前应由助手将兔头固定好，并使其呈坐势，术者一手固定兔嘴，并使其略仰起，一手喂药。当看到有明显的吞咽动作后即可松开兔。灌服速度要缓慢，以免误入气管，引起异物性肺炎。

（2）胃管法　刺激性大或有特殊气味的药物，可采用胃管法将药投入胃内。首先让兔自然伏卧呈坐势保定，然后用一光滑的中部有一小孔的木板或兔开口器或用竹筷，横插在兔左右犬齿间隙处，压住舌以限制其活动。再用人医 8 号导尿管作兔的胃管，沿口腔的咽后壁缓慢伸入食道下部，此时应尽力使兔的头、颈和躯干成一直线，不要弯曲，管子插入深度约 20 厘米即可达到胃部。再将管的外端插入一盛水的杯中，如随呼吸运动无气泡溢出，即证明确实在胃中，否则，就是将导管误入了气管。当确认导管进入胃时，即可将吸有药液的注射器连接到导管上，将药液徐徐送入胃中，再用注射器吸少量清水，把残留在导管内的药液冲入胃内。最后取下注射器，用手指按住管口，慢慢将管子抽出。一般每千克体重一次灌服容量为 5～10 毫升。

（3）混饲法　肉兔有食欲，且药物无不良气味，适口性好，毒性较小时，可将药物混于饲料中，让兔自由采食。治疗性药物混饲时，所用饲料不能过多，药料最好在短时间内采食完，以免存留太久影响药效。混合时注意充分混匀，混合不均匀，易造成因采食过量中毒或采食不足而达不到预期目的。为混合均匀，通常先用少量玉米粉与药物充分混合，混匀后每次加入与已混有药物的饲料等量的待混饲料，直到待混饲料全加完为止，每加 1 次饲料就应充分混合，最好过筛，过筛更容易混合均匀。

（4）饮水法　将药物溶于水中，让兔自由饮用。要求药物无特殊气味，不刺激，不腐蚀。

2. 注射给药　注射给药具有吸收快，奏效快，安全，药量准确，不受胃肠内容物影响，适合重病者或者口服给药困难的个体。但应注意药物质量及严格消毒，包括注射部位的碘酊消毒和注射器、针头的煮沸消毒。常用的注射方法有以下几种。

（1）皮下注射　将药液注射于兔耳后颈、股内侧、腋下及腹中线两侧等部位的皮下疏松结缔组织内。将兔保定好，用5%碘酒或70%酒精棉球消毒术部，用左手食指、拇指、中指将皮肤提皱成三角形，右手持注射器将针头刺入皮下（角度稍斜，不能垂直刺入），将药液推入。注射完毕，拔出针头，用消毒棉球轻压针孔处片刻，防止药液流出。注入药液的每个注射点不超过5毫升（多时可分点注射），总量不超过每千克10毫升。

皮下注射使用较普遍，凡是无刺激性的药物注射剂型都可采用这种方法。但有刺激性的以及油剂和混悬剂等难以吸收的药物不宜采用此法给药。

（2）肌肉注射　将药液注射到肌肉内。注射部位多在肌肉丰满的大腿内侧。注射时以左手指将皮肤压紧，右手持注射器，将针头与皮肤呈60度角或垂直刺入2～2.5厘米，回抽注射器针栓无回血时，将药液缓慢推入肌肉内。一次注射药量通常为2～3毫升，若超过5毫升，应分点注射。注射进针部分要避开神经、血管，且不能刺到骨骼上。一般刺激性较强和较难吸收的油剂、混悬液药物，可采用此法，但九一四、氯化钙等不能肌注，否则会发生坏死溃疡。由于肌肉内有丰富的血管，所以药物吸收较皮下注射快，奏效快，一般经3～5分钟即可见效。

（3）静脉注射　将药液直接注入静脉，药效发挥最快，适用于急性严重病兔。注射部位多在兔耳外缘静脉。首先将兔保定好，再在注射部位剪毛或拔毛，用酒精棉球擦拭耳部，然后用左手拇指、食指压住耳根，让其充血，血管不明显时可用手指弹击耳壳，右手持注射器，将针头顺血管方向，与皮肤表面约成20度角，刺入皮肤后，再平行向前推进0.5～1厘米，回抽见血后，左手拇指和食指夹住针尖和皮肤，以免针头滑出，然后徐徐将药液推入。注射完毕后，以棉球轻压耳针孔部片刻，止血后再松手。

静脉注射对制剂要求较严格，不能有沉淀、混浊，油剂和混悬剂不能作静脉注射。药液抽入注射器后，也应将空气排尽，不能将气泡注入。静脉注射一次不成功，第二次注射部位应在第一次注射针眼的近心方向。因此，在选择注射点时，最初应尽可能靠近耳尖部。

（4）腹腔注射　当静脉注射有困难时，可采用腹腔注射，即将药液注入腹膜腔中。注射部位可选在腹部中1/3和后1/3交界处腹中线两侧。首先将兔仰卧保定，后肢抬高，前躯向下，术部剪毛消毒后，用16～18号针头垂直刺入皮肤，穿透腹肌和腹膜，当阻力突然降低，表明针头已进入腹腔，回抽注射器不出现血液、气泡及肠内容物，说明刺入正确，即可将药液注入。注射完毕后，拔出针头，局部以酒精棉球消毒即可。注射时，药液温度不低于体温。注射药量不宜超过每千克体重10毫升。

（5）皮内注射　一般用于诊断。可在腹部两侧或耳朵剪毛消毒，用细而短的皮内针头，套上卡介苗注射器注射。注射时角度小，只能刺入皮内，注入后鼓成豌豆大小圆泡。注射后按要求观察反应。

3. 局部给药　为治疗局部疾患常将药物施于患部皮肤和黏膜，发挥局部治疗作用。局部用药应防止吸收引起中毒。另外，外用药不能对皮肤、黏膜及创面有腐蚀性。

（1）点眼　眼结膜炎症可将药液滴入眼结膜囊内。每次滴入2～3滴，间隔2～4小时一次。如为眼膏，则将药物挤入囊内。注意眼药水滴入后，不要立即松开手，以免药液被挤压，并经鼻泪管开口而流失。

（2）涂擦　用药物的溶液剂或软膏剂涂在皮肤或黏膜上。主要用于皮肤、黏膜的感染及疥癣的治疗。

（3）药浴　将药物配成一定浓度的溶液或混悬液，对兔进行洗浴，主要用于杀灭体表寄生虫。肉兔的一次药浴面积不宜超过体表面积的1/4，以免中毒。

（4）洗涤　将药物配成适当浓度的溶液，局部清洗皮肤、黏膜及创面，以治疗局部的创伤、感染。常用的有生理盐水和0.1%的高锰酸钾溶液。

4. 环境用药　包括兔舍、运动场地、排泄物、器皿用具的消毒用药。常用方法有以下几种。

（1）喷洒和浸泡　以适当浓度的消毒药液用喷雾器喷洒，或置于较大容器中将待消毒物放入浸泡。为达到较好的消毒效果，在喷洒前要先将地面和物体清扫干净，除去粪便、残余饲料等杂乱物品和有机物，待消毒的器皿应事先清洗，晾干后再浸入消毒液中。

配制药液的浓度一定要准确。以20%过氧乙酸贮存液配制0.5%的过氧乙酸消毒液3 000毫升为例，介绍药液的配制方法，采用的计算公式为：

$$C_1 \times V_1 = C_2 \times V_2$$

$$V_1 = \frac{C_2 V_2}{C_1}$$

式中　C_1——贮存液（过氧乙酸）的浓度（20%）；

V_1——贮存液（20%过氧乙酸）的容积（毫升）；

C_2——欲配液（过氧乙酸消毒液）的浓度（0.5%）；

V_2——欲配液（0.5%过氧乙酸消毒液）的容积（毫升）。

由此可得：所需20%过氧乙酸贮存液的容积为：

$$V_1 = \frac{C_2 \times V_2}{C_1} = \frac{0.5 \times 3\,000}{20} = 75\text{（毫升）}$$

即取75毫升20%过氧乙酸贮存液，加水至3 000毫升即得0.5%的过氧乙酸消毒液3 000毫升。

（2）撒布　将粉末状消毒药直接撒布在地面或排泄物上即可。用漂白粉和生石灰消毒时经常采用这种方法。

（3）熏蒸　用气态消毒药进行消毒的常用方法。通常选用甲醛消毒密闭兔舍。每立方米容积用25毫升福尔马林（40%的甲醛水溶液），加等量水后加热汽化，或加高锰酸钾 15 克氧化蒸发。消毒时应密闭门窗 10 小时，然后通风 1～2 小时后才可让兔进入。对器皿和用具，可放在一个塑料薄膜制成的密闭帐篷内进行熏蒸。

此外，也可采用漂白粉加松节油熏蒸法，即按每立方米用漂白粉 2 克，松节油 0.5 毫升混合，分几处在室内点燃，密闭 2～4 小时即可。

三、肉兔的常见病及防治

（一）传染病

1. 传染病概述 细菌、病毒、螺旋体、真菌等病原微生物侵入兔体后，迅速生长繁殖，破坏机体的正常生理机能，引起一系列病理反应，并引起传染性的疾病，称为传染病。传染病与普通病的区别之处在于：一是从病原侵入到出现症状需经过一定的潜伏期；二是具有使多数肉兔患同一疾病的传染性；三是病愈后常有在一定时间或终生而不再感受该病的免疫力；四是传染病的危害极大，急性传染病，传播快，症状剧烈，病死率高；慢性传染病病程长，症状不明显，虽病死率不太高，但可使生产性能降低，甚至有些疾病可传染人类。因此，消灭和控制传染病的发生是确保养兔业发展的重要措施之一。

（1）传染源　病兔是最主要的传染源。因其体内含有的病原微生物最多，并可通过腹泻、咳嗽等表现症状，将病原体传播和扩散；不表现症状的病菌（毒）携带兔，也可排出病原。所以，一旦发生传染病，应立即将病兔和可疑病兔隔离封锁，以免进一步传播、扩散病原体。

（2）传染途径

①消化道传染。大多数传染病的病原体，是随病兔分泌物、排泄物及其所污染的饲料、饮水、土壤及用具等，经健康兔的口

腔而进入消化道，从而引起感染。如兔巴氏杆菌病、沙门氏杆菌病等。

②呼吸道传染。病兔在咳嗽、打喷嚏时可将病原体散布在空气中，健康兔通过呼吸将病原体吸入体内而引起发病。如支气管败血波氏杆菌病等。

③黏膜和皮肤传染。少数病原体通过损伤的皮肤和黏膜侵入兔体，引起发病。

④活体传染。指通过吸血昆虫、野生动物等传播疾病。如兔黏液瘤病是通过吸血昆虫叮咬皮肤而传播的。

另外，还有的是通过交配时生殖器官接触传染，如兔螺旋体病。

2. 常见传染病

（1）巴氏杆菌病　是肉兔常见传染病之一，常呈散发性或地方性流行。无明显季节性，多发生于春秋两季。

【病原】本病病原体是多杀性巴氏杆菌，该菌存在于病兔的各种组织、体液、分泌物和排泄物中，在健康兔的上呼吸道黏膜、喉头、扁桃体也有这种菌生存。病菌随病兔的口水、鼻涕、粪尿等排出而污染饲料、饮水、用具和周围环境，再经过消化道、呼吸道、皮肤和黏膜及伤口感染传播给健康兔，引起发病。另外当外界条件变化，如长途运输、拥挤、气候突变、饲养管理不当等，使带菌健康兔抵抗力减弱，存在于呼吸道和扁桃体内的多杀性巴氏杆菌便乘机大量繁殖并增强毒力，引起发病。本病不同品种、不同年龄都可发生，幼兔和瘦弱兔更易感染。本病一旦发病，传播很快，如不及时采取隔离、治疗和消毒措施，会很快传染全群，短期内造成大批死亡，造成严重经济损失。

【症状和病变】本病潜伏期长短不一，病状表现也不相同，这主要取决于病菌的数量、毒力、感染途径和机体抵抗力等因素。根据疾病的发展过程可分为三个类型：急性型、亚急性型和慢性型。其临床症状和病变如下。

①急性型。或称出血性败血症。病兔突然死亡，常无明显症状。并发鼻炎型病兔，可见精神萎靡，拒食，体温升高，鼻腔流出浆液性、黏液性或脓性鼻涕，有时下痢，病程数小时至1～3天。并发肺炎型病兔，体温升高，减食，呼吸困难，鼻腔有分泌物，肺部检查有肺炎和胸膜炎症状，有时腹泻，病程1～2天或更长，多衰竭而死亡。死前体温下降，四肢抽搐。

剖检时，除突然死亡的各脏器无明显病变外，多数以败血症变化为主。鼻、喉、气管黏膜充血、出血，充满红色泡沫和脓性黏液；肺充血、出血、水肿，呈大叶性肺炎病变；腹腔内有淡黄色积液；心内外膜有大小不一的散在性出血点；肝脏变性，并有灰白色坏死灶；脾、淋巴结肿胀出血；肠黏膜充血、出血。

②亚急性型。或称地方性肺炎。主要表现为肺炎和胸膜炎。病兔呼吸困难，常打喷嚏，鼻腔中有黏液性或脓性鼻涕，体温稍高，食欲减退，关节肿胀，结膜发炎，有时腹泻。病程7～14天或更长，最后因消瘦衰竭而死亡。

剖检时，见鼻腔和气管黏膜充血、出血，并有黏稠分泌物；肺充血、出血或脓肿；胸膜和肺表面常有乳白色纤维素性渗出物附着，有的有大小不等的黄色或棕色病灶；淋巴结充血、肿大；胸腔常有浆液性或黄棕色积液。

③慢性型。或称传染性鼻炎。病初，上呼吸道呈卡他性炎症，鼻腔常流清涕，以后转为黏液性、脓性分泌物；由于脓性分泌物阻塞鼻孔，病兔表现呼吸困难，发出鼾声，张口呼吸。由于分泌物刺激，病兔常用前足擦鼻，清洗嘴脸，使口腔周围的兔毛潮湿、蓬乱以至脱落，同时易把病菌带到其他部位，引起结膜炎、角膜炎、中耳炎、皮下脓肿、乳房炎等并发症。终因营养不良，衰竭死亡。

【诊断】

①根据临床症状和剖检变化，可做出初步诊断。急性型最主要特征是肉兔突然死亡，内脏器官出血，在气管上有带状出血。

亚急性型主要特征是肺脏的病变明显，肺部充血、出血或脓肿，胸腔有积液。慢性型主要病变在鼻腔、鼻窦和鼻窦黏膜发红水肿，鼻腔内有浆液性、黏液性或脓性分泌物。

②做细菌学检查，进一步确诊。用病兔组织或体液涂片，以瑞氏或姬姆萨染料染色，镜检可见两端浓染的细菌，即可确诊为巴氏杆菌病。

③对慢性病兔和健康带菌兔可用血清学方法和激发试验诊断。

试管法：将待检兔的血清做不同稀释，加入等量诊断抗原，凝集价在1∶40以上为病兔。

玻片法：取待检兔血清0.1毫升加在玻片上，随后加入等量抗原，于15～20℃下摇动玻片使之混合，在1～3分钟内出现絮状物，液体透明，即为病兔。

煌绿激发试验：以0.25%～0.5%煌绿溶液2～3滴滴入兔鼻孔内，经18～24小时后检查，如鼻腔有脓性鼻漏为带菌兔。

【治疗】

①捕杀重病肉兔，轻症及可疑病兔进行隔离治疗。

②急性病例，可皮下注射抗败血清，剂量为每千克体重2～3毫升，经过8～10小时后再注一次。

③慢性呼吸道炎症者用抗生素滴鼻。采用青霉素、链霉素（每毫升各20万国际单位）和麻黄素（稀释为1%溶液）滴鼻，每天2次，连用5天。同时可口服磺胺嘧啶，每千克体重0.25～0.5克，每天2次，连续5天，口服磺胺嘧啶时，要同时服用等量的碳酸氢钠。

④患结膜炎的可用氯霉素眼药水点眼，每天3次；或用四环素、金霉素、可的松眼膏点眼。

⑤中耳炎用香油蜈蚣滴耳剂（香油500克，蜈蚣10条，香油热沸后加入蜈蚣，炸黑，待油凉加冰片5克备用）5～10滴滴耳，隔日1次，连续3～5次。

⑥氟哌酸散（片）（江苏泰县兽药厂生产）1克，加1千克饲料，拌匀，饲喂3～5天。

⑦青霉素1万～2万国际单位，链霉素10万～20万国际单位或庆大霉素4万国际单位，一次肌肉注射，每天2次，直到痊愈。

⑧病情严重时，用氟美松5毫克，分两次肌肉注射，每天2次。

⑨内服磺胺二甲基嘧啶，每千克体重0.1～0.2克，每天2次，连服5天。

⑩中草药治疗。

金银花15克，菊花10克，水煎服。

黄连5克，黄芩5克，黄柏10克，水煎服。

穿心莲5克，水煎服。

蒲公英25克，菊花10克，赤芍10克，水煎服。

（2）葡萄球菌病

【病原】葡萄球菌病病原体是金黄色葡萄球菌，为革兰氏阳性、无鞭毛、不产生芽孢的细菌，呈圆形或卵圆形，在固体培养基中细菌形态呈葡萄状，在鲜血琼脂上能发生溶血现象。本菌在自然界中分布很广，空气、饲料、饮水、兔皮毛、兔舍等处均有存在，在肮脏潮湿的地方特别多。本菌对外界环境因素（高温、干燥、冷冻等）的抵抗力较强，在干燥脓汁中可存活2～3个月，在60℃湿热中可耐受30～60分钟，煮沸则迅速死亡；对肉兔的致病力特别强大，能产生多种毒素引起发病和死亡。本菌虽对磺胺类药和抗生素等敏感，但目前抗药菌株甚多，给治疗带来很多不便。在常用消毒药中，以3%～5%石炭酸溶液的消毒效力较强，3～15分钟内即可杀死。

【症状和病变】根据病菌侵入的部位和继续扩散的形式不同，表现出各种不同的症状和病理变化。

①转移性脓毒血症。在皮下或内脏器官内形成1个或几个脓

肿，由结缔组织囊包围着，大小不一，触诊时柔软而有弹性。如果内脏器官形成脓肿，则机能相应受到影响，可出现不孕、麻痹等症。如果患皮下脓肿，则全身症状不明显，经过1～2个月后可自行破溃，流出浓稠、白色酸奶油样的脓液，有的破溃经久不愈，如不及时处理，脓液会污染和刺激其他皮肤，引起肉兔搔抓而使皮肤损伤，病原菌趁机侵入而形成新脓肿。脓液中的病原菌常侵入血液而转移到其他部位，又在那里形成脓肿，因此，称转移性脓毒血症。当内脏器官的脓肿破裂时，发生全身感染而呈败血症，病兔迅速死亡。

剖检时，皮下、心脏、肺部、肝脏、脾脏、睾丸、关节等都有脓肿，多数内脏脓肿常有结缔组织包膜，膜破流出乳白色油状脓汁。

②仔兔脓毒败血症。本病常发生于2～3日龄的仔兔，皮肤上出现粟粒大的脓肿，治疗不及时，2～5天内呈败血症而死亡。20日龄左右的小兔也可发生，脓肿如黄豆粒大小，病程较长，病死率较高。

剖检时可见，多数肺和心脏有多量白色小脓疱。

③乳房炎。多出现于分娩后最初几天内。如果母兔乳汁过少，乳头就容易被仔兔咬破，被葡萄球菌感染而发病；如果乳汁过浓，奶水过旺，仔兔吃不了，乳汁变质引起乳房肿胀发炎，也可导致本病的发生。急性型时，乳房肿胀，发红甚至青紫色，乳汁中混有脓液、凝乳块，甚至有血液。病兔发热、沉郁、食欲减退。慢性型时，在皮下或乳房实质内形成大小不一、境界分明、坚硬的结节，以后软化为脓肿。

剖检时可见，乳房和腹下结缔组织化脓，呈乳白色或淡黄色油状。

④仔兔黄尿病（又称仔兔急性肠炎）。仔兔吸吮患乳房炎母兔的乳汁而引起急性肠炎、水泻，一般全窝发生。仔兔肛门及后肢被黄色水样粪便污染，潮湿、腥臭，整日嗜睡，体软瘦弱，病

程 2～3 天，病死率很高。

剖检时，可见肠黏膜充血、出血，空肠充满黏液，膀胱积尿。

⑤脚皮炎。铁丝笼底板常会引起本病。病变在肉兔脚底、脚趾皮肤上，初期充血肿胀、脱毛，以后形成经久不愈的出血溃疡。病兔不愿活动，食欲减退，消瘦，严重的全身感染呈败血症而死亡。

【诊断】根据各种类型的临床表现和病理变化，一般可确诊，如有必要，可进行细菌学检查。

【预防】

①保持兔笼、运动场及用具的清洁卫生，清除一切锋利的物品，以免引起肉兔创伤。

②笼饲不宜拥挤，并将凶性好斗仔兔分开饲养，垫草要柔软、干燥、清洁。

③母兔分娩后要仔细观察其乳汁分泌情况。若乳汁不足，应适当增加优质饲料和多汁饲料，或将部分仔兔调剂给其他母兔哺喂；若乳汁过多、过浓，应适当减少精饲料。

【治疗】

①皮下脓肿用外科常规处理，手术排脓和清除坏死组织，用3%过氧化氢溶液或 0.2%高锰酸钾溶液冲洗，然后涂以碘甘油或撒上消炎粉。

②仔兔脓毒败血症的皮肤脓肿，可用消毒针头将脓肿刺破，用药棉蘸去脓液，再涂上磺胺类软膏或用 5%龙胆紫酒精溶液涂擦。同时给母兔肌肉注射青霉素 5 万～10 万国际单位，仔兔 1 万国际单位进行全身治疗。

③对脚皮炎的患兔，病初患处可涂擦紫药水，若患部已溃疡，可用 0.1%高锰酸钾溶液或 1%过氧化氢溶液，将溃疡面及周围皮肤洗干净，再用 5%碘酊或 5%龙胆紫酒精溶液涂擦，或涂上磺胺软膏。同时可施行全身的青霉素治疗。

④仔兔黄尿以治疗母兔为主，内服磺胺噻唑每千克体重0.1～0.2克，连服3～4天，或肌肉注射青霉素，同时每天搭配蒲公英、紫花地丁等鲜草，减少精饲料。

(3) 沙门氏杆菌病（又称兔副伤寒） 本病主要由鼠伤寒沙门氏杆菌和肠炎沙门氏杆菌引起的一种消化道传染病，偶尔可分离出鸡白痢沙门氏杆菌。

【病原】新分离的菌株为卵圆形杆菌；在不同环境下形态有所不同；革兰氏染色阴性，无荚膜，不产生芽孢；属嗜氧兼厌氧菌；本属细菌的抵抗力中等，其中以鼠伤寒沙门氏杆菌的抵抗力最强，肠炎沙门氏杆菌的抵抗力最弱；本菌能产生毒素，引起人类食物中毒；本菌为动物肠道寄生菌，尤其是鼠等啮齿类动物的粪便中；自然感染的途径以消化道为主，但幼畜也有在子宫内或经脐带感染；此外，带菌者随着内外条件的改变，也可发生内源感染；饲料不足、管理不善、卫生条件不良及患其他疾病，均可促进本病的发生与传播。

【症状和病变】本病潜伏期3～5天，除极少数突然死亡外，其临床症状一般均表现为腹泻、体温升高、厌食、精神沉郁。腹泻如发生于幼兔，多为急性过程，症状严重，很快死亡；成年兔可能长期下痢，最后因消瘦、贫血而死亡；母兔阴道黏膜充血、肿胀，常从阴道流出黏液性分泌物，病兔不易受胎，孕兔易发生流产。

剖检病变主要在肠管和子宫，肠黏膜充血肿胀，在盲肠和结肠尤其是蚓突部有许多粟粒样结节和溃疡，溃疡面上有黄色凝胶状附着物；肠系膜淋巴结肿大；肝脏上常见有坏死点，脾脏肿大，边缘钝厚，呈暗红色；孕兔子宫壁增厚，黏膜上有糠麸样黄白色纤维素附着物，子宫内有死胎或干胎。

【诊断】根据临床症状及病理变化，可做出初步诊断，确诊应进行实验室诊断。

【预防】

①做好兔场卫生消毒工作，消灭老鼠、苍蝇。

②一旦发现本病，应立即将病兔隔离治疗或淘汰，兔舍、兔笼及用具用20%石灰乳或2%火碱进行彻底消毒。并用凝集反应普查兔群，阳性兔及时处理；阴性兔，可用本场分离到的致病菌制成灭活苗防疫，控制流行。

③死于本病的肉兔死尸须深埋或烧毁。

【治疗】停止饲喂青绿多汁饲料，仅喂给调湿的麸皮或米糠，体质健壮的内服蓖麻油1～5毫升，加速排除肠内秽物，然后据药物敏感试验，选用相应药物进行治疗。

①肌肉注射黄连素，成年兔2毫升，幼兔1毫升，每天3次，病愈后再用药1～2天。成年兔同时口服磺胺脒0.5克，酵母片0.5克，每天3次，连续3～5天。

②内服酞磺胺噻唑或琥珀酰磺胺噻唑，每千克体重0.2克，每天2次；内服合霉素、土霉素每千克体重20～50毫克，每天2次。

③20%大蒜汁灌服，5毫升/次，每天3次，连服5～7天。

④黄连5克，黄芩10克，黄柏10克，马齿苋15克，加水煎服，每天2次，每次10毫升。

⑤马齿苋15克、车前草15克、鲜竹叶15克，鱼腥草15克，煎水拌料服或供给其鲜草。

（4）兔密螺旋体病（又称兔梅毒病） 是兔的一种慢性传染病，也称性螺旋病、螺旋体病。以外生殖器、颜面、肛门等皮肤及黏膜发生炎症、结节和溃疡，患部淋巴结发炎为特征。

【病原】病原为兔密螺旋体，呈纤细的螺旋状构造，通常用姬姆萨或石炭酸复红染色，但着色力差，通常用暗视野显微镜检查，可见到旋转运动。主要存在于病兔的外生殖器官及其他病灶中，目前尚不能用人工培养基培养。螺旋体的致病力不强，一般只引起肉兔的局部病变而不累及全身。抵抗力也不强，有效的消毒药为3%来苏儿，1%～2%氢氧化钠溶液，1%～2%甲醛溶液。主要传染途径是通过交配经生殖道传染，也可通过病兔用过的笼舍、垫草、饲料、用具等由损伤的皮肤传染。

【症状和病变】本病潜伏期2～10周，病初可见外生殖器和肛门周围发红、水肿，阴茎水肿，龟头肿大，阴门水肿，肿胀部位流出黏液性或脓性分泌物，常伴有粟粒大小的结节；结节破溃后形成溃疡；由于局部不断有渗出物和出血，在溃疡面上形成棕红色痂皮；因局部疼痒，故兔多以爪擦搔或舔咬患部而引起自家接种，使感染扩散到颜面、下颌、鼻部等处，但不引起内脏变化，一般无全身症状；有时腹股沟淋巴结和腘淋巴结肿大。患兔失去交配欲，受胎率低，发生流产、死胎。

【诊断】

①病兔多为成年肉兔，母兔受胎率低。

②临床检查无全身症状，仅在生殖器官等处有病变。

③有条件的兔场可做显微镜涂片检查兔密螺旋体。

【预防】

①引入肉兔应做好生殖器官检查，种兔交配前也要认真进行健康检查。

②发病兔场应停止配种，病重者淘汰，可疑兔隔离饲养，污染的笼舍、用具，用2%的苛性钠或3%的来苏儿溶液彻底消毒。

【治疗】

①初期可肌肉注射青霉素，成年兔20万国际单位/只，每天2次，连用5天。

②患部用2%的硼酸水或0.1%的高锰酸钾溶液或肥皂水洗涤后，再涂擦青霉素软膏或碘甘油；或者涂青霉素花生油（食用花生油100毫升加青霉素G钠100万国际单位拌匀即可），每天1次，7～10天可痊愈。

③芫荽50克，枸杞根50克，洗净切碎，加水煎30分钟，再加少许明矾洗患处，每天2次，3～7天好转。

（5）伪结核病　是由伪结核耶尔新氏杆菌引起的一种消耗性

疾病。许多畜禽类、甚至人类均能感染，常为散发性或地方性流行。

【病原】伪结核耶尔新氏杆菌可呈球状、卵圆形、杆状等，革兰氏阴性，无荚膜，不产生芽孢，在内脏涂片中多呈两极染色。本菌抵抗力不强，直接阳光照射30分钟可杀死，2%石炭酸经2分钟亦可杀死。本菌在自然界中广泛存在，主要存在于感染动物和啮齿类动物。传染途径主要是消化道，也可经皮肤伤口、交配和呼吸器官而感染。

【症状和病变】慢性型较常见，起初食欲不振，运动迟缓，腹泻，眼有脓性结膜炎，进行性消瘦，腹部触诊时可摸到肿大的淋巴结和硬块，病兔最后衰竭死亡。病程可达一月或更长。

急性败血症较少见。患兔体温升高，精神高度沉郁，停食，呼吸急迫，多在1～3天内死亡。

【症状和病变】最常见于肠系膜淋巴结肿大，有干酪样坏死灶；蚓突肿大、变硬，浆膜和黏膜面有无数灰白色乳脂样或干酪样粟粒大的小结节；圆小囊肿大变硬，浆膜上有同样的结节；脾脏肿大呈现紫红色，有芝麻至绿豆大的灰白色结节，肝脏、肺部、肾脏等也可能有同样的干酪样小结节，结节内多含乳状物。

【诊断】

①本病多为散发性，以长期缓慢消瘦和衰弱为主，腹部触诊时可触到肿大的淋巴结。

②死后在肠道和各器官发现干酪样小结节和肿大的肠系膜淋巴结。

③注意和结核病的区别。结核病的结核结节一般不发生在盲肠的蚓突和圆小囊的浆膜下；取圆小囊或蚓突处病料涂片镜检，做细菌培养或生化实验。伪结核耶尔新氏杆菌为革兰氏阴性、不抗酸杆菌，而结核杆菌为革兰氏阳性、具有抗酸染色特性。

【预防】目前尚无特效药物治疗，重点在于预防。发现病兔立即淘汰，并认真消毒，改善饲养管理和卫生条件，加强灭鼠工作，防止对其他健兔和人造成危害。目前，国外已应用本菌灭活苗和无毒细菌的培养物进行预防。

（6）支气管败血波氏杆菌病　本病最常见，广泛流行，临床表现为鼻炎和支气管肺炎；死后主要病变为肺部脓肿。

【病原】本病病原为支气管败血波氏杆菌，革兰氏阴性，美蓝染色常呈二极浓染，有鞭毛，不形成芽孢，严格嗜氧菌。本菌的抵抗力不强，一般消毒药物均可杀灭。本菌常寄生在兔的呼吸道、患病兔的鼻腔和分泌物中，以及病变器官。其传染途径主要通过呼吸道传染，并常与巴氏杆菌病、李氏杆菌病并发。春秋季节，当寄生虫侵入、气候骤变、感冒、环境变化，使机体抵抗力降低或灰尘和某些气体的刺激时易发病。

【症状】以鼻炎和支气管肺炎为特征。

①鼻炎型。多呈地方性流行，从鼻孔流出浆液性或黏液性鼻漏，鼻腔黏膜充血，并附有浆液和黏液。病程较短，易康复。

②支气管肺炎型。较少见，呈慢性散发。病兔从鼻孔流出黏液性或脓性分泌物，长期不愈，鼻孔如形成堵塞性痂皮，则引起呼吸困难；食欲不振，逐渐消瘦。病程可达1～2月。

【病理变化】支气管肺炎型：可见气管和支气管黏膜充血，含泡沫状黏液或少量稀脓液；肺部有芝麻或鸽蛋大小不等、数目不等的灰白色脓疱、疱内为黏稠、乳白色脓汁，外有厚且有弹性的包膜，部分肺有气肿；有的肝脏有黄豆或蚕豆大的脓疱。

【诊断】

①根据临床症状和病理变化，特别是肺脏的脓肿可初步诊断。

②进一步确诊可做细菌学检查。取肺脓肿的脓液直接涂片，美蓝染色，可见多形态、二极浓染的小杆菌。必要时可进行细菌培养，生化反应，动物接种。

【防治】加强饲养管理，消除降低兔体抵抗力的不利因素，发现病兔及时隔离治疗或淘汰，并做好彻底消毒工作。有病史的兔场可用波氏杆菌氢氧化铝甲醛菌苗预防，每年两次。

对于鼻炎型病兔可用磺胺类药物、卡那霉素等抗生素进行治疗。

（7）李氏杆菌病　又名单核细胞增多症。

【病原】 病原为单核细胞增多性李氏杆菌，革兰氏阳性，形态是平直或稍弯曲的细小杆菌，多单个存在或呈V形或栅状，有时呈链状或丝状。本菌无荚膜，不形成芽孢，能运动，在鲜血琼脂培养基上，呈B型溶血，且经过48小时培养后可染成革兰氏阴性，两端染色较深。本菌对热抵抗力较强，65℃经30～40分钟才能杀灭；常用消毒药为2.5%石炭酸和70%酒精5分钟，2.5%苛性纳和2.5%福尔马林20分钟均可杀死。本病为散发性，有时呈地方性流行。病畜和带菌者是本病的传染源；啮齿类动物特别是鼠类、野兽、野禽等的隐性感染，常是本菌的自然贮存库，这些带菌动物的粪便、分泌物污染了饲料、饮水和用具等，再通过消化道、呼吸道、眼结膜、损伤皮肤及吸血昆虫而传染给兔，幼兔比成年兔更易感。

【症状】 本病潜伏期为2～8天，可分几种类型。

①急性（败血性）型。常见于幼兔。一般是精神沉郁，拒食，体温升高到40℃以上，鼻腔黏膜发炎、肿胀，鼻孔流出浆液性和黏液性分泌物，经数小时或2～3天后死亡。

急性型的剖检时，可见颈部和肠系膜淋巴结肿大，胸腔、心包囊与腹腔聚积水样液体，皮下与肺水肿，脾脏和肝脏有微小的淡黄色病灶。

②亚急性型。主要表现为子宫炎和脑膜炎。子宫炎母兔，在分娩前2～3天或数天，出现精神不振，拒食，很快消瘦，从阴道流出暗红色或棕褐色液体，分娩前1～2天，患兔流产或死亡；有流产康复或吸收胎儿存活的母兔，则长期不孕。脑膜炎患兔往往中枢神经系统机能障碍，导致全身震颤，颈呈扭转状，作圈状运动，失去采食和行动能力，重病兔常出现“翻滚”运动，共济

失调，逐渐消瘦，经4～7天死亡。

【病理变化】子宫炎患兔可见子宫壁变厚，黏膜潮红，有时可见木乃伊变性胎儿或白色凝乳块状物；脑膜炎患兔则可见脑膜血管充盈血液，脑膜及脑组织充血或水肿。

慢性型，病程较缓和，多出现子宫炎变化，从阴道流出红褐色或脓性分泌物；孕兔可发生流产或产出干胎。有些病兔出现脑膜炎变化，但病程延至6～8个月之久，愈后不良。

【诊断】

①幼兔鼻炎，死亡迅速，成兔有神经症状和子宫炎变化。

②死后脑膜充血、水肿，子宫炎，肝脏、脾脏、心脏有坏死灶。

③生前血检，单核细胞显著增加，可达白细胞总数的30%～50%。

进一步确诊可结合细菌学诊断：涂片，培养和生化鉴定。

【防治】兔场应切实做好日常卫生防疫工作，扑灭老鼠，防止野兔等啮齿类动物以及其他畜禽进入兔场，不从疫区引入种兔。由于此病可传染人，且危害较大，故一旦发现病兔和可疑病兔应立即淘汰、深埋或烧毁。

（8）魏氏梭菌病（魏氏梭菌性肠炎） 是由魏氏梭菌毒素引起的一种中毒性传染病。其特点是患兔急性腹泻，排出粪便腥臭、带血，呈液胶冻样或黑褐色，死后病变主要在消化道。

【病原】病原为魏氏梭菌或称产气荚膜杆菌，为两端稍钝圆的革兰氏阳性大杆菌，无鞭毛，能产生荚膜和芽孢，能产生多种强烈毒素。现已发现魏氏梭菌可分A、B、C、D、E、F六个型，肉兔梭菌性肠炎主要由A型和E型及其所产生的α毒素所致。本菌广泛存在于土壤、污水，以及人和动物的肠道中。正常情况下，增殖缓慢，产毒素量少；当气候和饲料突变，胃肠环境变化，消化机能紊乱时，便迅速繁殖，并产生大量毒素，引起肉兔急性下痢和中毒死亡。过量的高蛋白质饲料及含水多的青绿饲料亦可能诱发本病。本菌的芽孢抵抗力较强，可长期在外界环境中存活，一般消毒药不易杀灭。A、E型魏氏梭菌除引起肉兔发病外，还可使人和其他动物感染，其传染途径主要是通过消化道。

【症状和病变】少数未见症状而突然死亡，多数呈急性下痢。病兔拒食，精神沉郁，眼球下陷，被毛粗乱无光泽，两耳下垂。开始软便，很快转为带血样胶冻或黑褐色稀粪，并有腥臭气味，随后水泻，呈黄绿色。病兔的肛门周围、臀部及后脚均粘有稀粪。一般病兔腹泻后数小时死亡。

剖检时可见心内外膜有出血点；心肌松软；肝脏、脾脏肿大，胆囊充盈；膀胱积尿，黏膜有出血点；多数病例胃内物充满，黏膜脱落，有出血斑和溃疡面；小肠充气，肠壁薄而透明，黏膜呈卡他性炎症；大肠内充满胶冻样黑绿色稀粪和腥臭气体；肠系膜淋巴结水肿。

【诊断】据临床表现和病理变化可做出诊断。

①1～3月龄兔易发病，发病率和病死率很高。

②一般体温不高，下痢，且以带血胶冻样稀粪或黑褐色水样粪便为主。

③死亡后病变主要在消化道，胃黏膜出血和溃疡，盲肠浆膜有出血斑，黏膜出血和瓣膜水肿。

进一步确诊可结合实验室诊断，做涂片镜检，细菌分离与鉴定，魏氏梭菌毒素检查和抗毒素中和试验等。

【防治】平时做好饲养管理、防疫和清洁卫生工作；合理搭配饲料，供给饲草应多样化，防止饲喂过多谷物饲料和含蛋白质过高的饲料。一旦发病应迅速做好隔离和消毒工作。不安全兔场应定期注射魏氏梭菌氢氧化铝灭活菌苗或类毒素，每只皮下注射1毫升，免疫期4～6个月。仔兔断奶前一周注射，可提高成活率。

本病用各种抗菌素和磺胺类药物无效。治疗可采用下列方法。

①根据个体大小不同，皮下注射魏氏梭菌（A型）高免血清，每只5～10毫升，每天1次，连续2～3天。

②病程较长的病兔，除注射魏氏梭菌（A型）高免血清外，还应配合消炎和补液进行治疗。可用0.5%痢菌净每千克体重1～2毫克，每天2次，结合补液可用5%葡萄糖氯化钠40～50毫升/次，5%碳酸氢钠5毫升/次，亦可同时静脉注射庆大霉素或硫酸卡那霉素。

③已发病的兔场，对健康兔注射魏氏梭菌氢氧化铝灭活菌苗，成年兔2毫升/只，青年兔1.5毫升/只，幼兔1毫升/只。7天以后重复接种一次。

（9）传染性口炎　是由一种病毒引起的，以口腔黏膜水疱性炎症并伴有大量流涎为特征的急性传染病，又称流涎病。

【病原】病原是传染性水疱性口炎病毒，主要存在于病兔口腔黏膜坏死组织和唾液中，有人认为患部淋巴结水疱皮及水疱液中也有病毒。该病毒在50%甘油中可长期保存（3～4个月），对低温抵抗力强，4℃温度下可存活30天，但对热敏感，在60℃温度下以及直接阳光照射会很快死亡。该病毒对抗生素和磺胺类药物不敏感，常用的消毒药是1%～2%氢氧化钠溶液和0.1%～0.5%过氧乙酸溶液。该病主要危害3月龄以内的仔兔，断奶后1～2周龄的幼兔最常见。自然感染的途径主要是消化道，采食被病原微生物污染的饲料、饮水时，病毒可通过口腔黏膜而传染，此外，吸血昆虫的叮咬也可传播本病，霉烂饲料和有刺的饲料常诱发本病。

【症状和病变】本病潜伏期5～6天。病初口腔黏膜潮红肿胀，随后在嘴唇、舌和口腔其他部位的黏膜上出现粟粒至绿豆大的水疱，水疱破溃后，形成烂斑和溃疡，同时大量流涎，如发生继发性细菌感染，则造成唇、舌和口腔黏膜坏死，并伴有恶臭味。由于不断流涎而大量失水、黏液蛋白和某些代谢产物，仔、幼兔出现全身症状，体温升到40～41℃，食欲减退或废绝，消化不良，腹泻，日渐消瘦，经5～10天死亡，病死率达50%。

剖检时可见口腔、舌、唇等处黏膜有水疱、糜烂和溃疡，咽和喉头有泡沫样口水聚集，唾液腺红肿，胃扩张，充满酸性黏液，肠黏膜呈卡他性炎症。

【诊断】根据流涎和口腔炎症等主要临床症状，结合发病年龄多在1～3月龄且使幼兔群大量发生，死后剖检内脏器官多无明显病变，一般可做出诊断。必要时可进行微生物学诊断，用水疱液和水疱皮接种易感乳兔出现口腔病变。

【防治】创造良好的饲养管理条件，特别应注意加强春秋季节的卫生防疫措施。经常检查饲草质量，避免过于粗糙的饲草、芒刺、尖锐物等损伤口腔黏膜。发现流涎的患兔，及时隔离治疗，同时，对兔舍、兔笼、用具等，用1%～2%氢氧化钠溶液或20%热草木灰水消毒。对有传染可疑的健兔，饲喂磺胺二甲嘧啶，每千克体重0.1克，每天1次，进行药物预防。

本病目前尚无特异疗法。局部治疗：

① 先用防腐消毒药液（2%硼酸溶液或2%明矾溶液，0.1%高锰酸钾溶液，1%盐水等）冲洗口腔，然后涂以碘甘油（2%碘酊1份，甘油4份）或撒黄芩末（或冰硼散）。

② 用2%硫酸铜溶液涂洗口腔，撒上冰硼散，每天2次，或用青黛散（青黛、黄连、黄芩各10克，儿茶、冰片、桔梗各6克，明矾3克，共研为末）撒布口腔，每次0.5～1克，每天2～3次。

③ 内服病毒灵1片（0.2克）、复合维生素B_1片，每天2次，同时服用磺胺二甲嘧啶、磺胺嘧啶或抗生素，控制继发感染。

④ 用紫花地丁、大青叶、鸭跖草或少量橘皮做饲料喂给；或用金银花、野菊花煎水拌料饲喂。

（10）大肠杆菌病（黏液性肠炎）　本病是由致病性大肠杆菌引起的一种暴发性、病死率很高的兔肠道疾病。本病多由于饲养管理不善，导致肠道正常微生物菌群改变，大肠杆菌趁机大量繁殖而引起传播。

【病原】 病原是埃希氏大肠杆菌，卵圆形或杆状，革兰氏阴性，有鞭毛，无芽孢。可引起仔兔发病的致病性大肠杆菌的血清型为O_{128}、O_{85}、O_{86}、O_{119}、O_{18}、O_{26}等，它们多可产生毒素引起发病。本菌抵抗力不强，一般消毒药均可杀灭。本菌在自然界中广泛存在，是人和动物肠道中的常在菌。兔和多种动物均易感，主要危害1～3月龄的初生乳兔和未断奶的仔兔，传染途径为消化道。

【症状和病变】 最急性病例可突然死亡而不显任何症状。初生乳兔常呈急性过程，腹泻不明显或排黄白色水样粪便，常带有大量明胶样黏液和少量鼠粪样干便；精神沉郁，被毛粗乱无光泽，拒食，体重减轻，消瘦，有时腹部臌胀；病兔四肢发冷，磨牙，有的有流涎现象；多于1周内死亡。

剖检后病变主要在消化道。胃扩张，充满气体和液体，胃黏膜附着黏稠的黏液；十二指肠充满气体和染有胆汁的液体；空肠扩张且充满半透明胶样液体；回肠内常有两头尖、细长的粪球，外面包有黏液或白色胶冻样分泌物；结肠扩张，有透明胶样黏液；盲肠内容物呈水样并有少量气体；直肠空虚或充满黏胶液；结肠、盲肠的浆膜和黏膜充血或有出血点（斑）；胆囊扩张，黏膜水肿。

【诊断】 根据病兔腹部臌胀，剧烈腹泻，排淡黄色水样粪便，内含黏胶状液和两头尖的干粪球，发病急，传染快，病死率高，可做出初步诊断。必要时可进行细菌学诊断。

【防治】 无病兔场，仔兔断奶前后应加强饲养管理，定时定量喂给清洁易消化的饲料，改换饲料应逐步过渡，使肠道有益菌有一个适应过程。发现病兔应立即隔离、观察、治疗。兔舍、兔笼、用具用20%石灰水消毒。

治疗可采用下列方剂：

①肌肉注射链霉素，每千克体重2万～4万国际单位，每天2次，连续3～5天。

②氟哌酸1克加1千克饲料，混匀，饲喂3～5天。

③内服收敛、健胃药物。大黄苏打片，幼兔0.5克，成年兔1～1.5克，鞣酸蛋白2～3克，酵母片0.5克，每天2次，连服3～4天。

④肌肉注射丁胺卡那霉素，每千克体重10～15毫克，或庆大霉素，每千克体重1～1.5毫升（含2万国际单位/毫升），每天2次。

（11）兔瘟（兔病毒性出血症） 1984年，在我国江苏省首次发现。具有发病快，症状不明显，死亡迅速，传播速度快，发病率和病死率高等特点。

【病原】病原为兔出血热病毒，形态似球形，为二十面体对称结构；能凝集人的O型、A型、B型和AB型红细胞；存在于病兔的全身组织器官中，但以肝脏中含毒量最高，其次是肺脏、脾脏、肾脏及肠道淋巴结。对磺胺类药物和抗生素不敏感，常用的消毒药物为1%～3%氢氧化钠溶液和20%石灰乳。仅感染兔而其他实验动物不易感染，3月龄以上的青、成年兔易感性最高，呈急性死亡，3月龄以内的病兔多呈慢性经过，哺乳仔兔一般不发病；肉兔传染本病的途径为通过呼吸道、消化道、伤口和黏膜。本病一年四季均可发生，以早春、秋冬气温较低季节发病较多。

【症状】一般分为最急性型、急性型和慢性型三种。

①最急性型。多见于流行初期，病兔生前无明显症状，多数在夜间突然尖叫而死亡，典型病例可见鼻孔出血，可视黏膜发绀。

②急性型。多见于流行盛期。病兔精神沉郁，不食或少食，皮毛光泽大减，体温40.5～41.5℃，渴欲增加，耳壳潮红；呼吸急促，可视黏膜发绀；部分便秘，粪干硬且常带淡黄色黏液团

块甚至血丝；有时腹泻，血尿；临死前短时兴奋，狂奔，抽搐，全身颤抖，嘴咬笼架，然后前肢伏地，后肢支起，四肢不停作划船状，最后抽搐死亡，死前惨叫，角弓反张。病程1～2天。

③慢性型。多见于流行后期或断奶不久的幼兔，其潜伏期和病程较长，体温40～41℃，精神不振，食欲减少或废绝1～2天，有渴欲，短时间消瘦，病程2天以上的多可恢复，但仍排毒而感染其他兔。

【病理变化】鼻腔和气管黏膜严重淤血和出血，尤以气管环最明显，呈“红气管”外观，并有数量不等的粟粒大至绿豆大的鲜红色出血点；肺脏淤血、水肿和出血；心包积液呈灰白或淡红色，心包膜点状出血，心肌松弛，有针尖状出血点；肝脏淤血、肿大，肝小叶间质增宽，肝细胞索明显；肾脏淤血、肿大，呈暗红色，皮质有散在性针尖大的出血点，并有灰黄色或灰白色坏死区，外观呈花斑状；脑和脑膜血管淤血，松果体和脑下垂体部有凝血块；肠黏膜、子宫黏膜及淋巴结充血。

【诊断】根据发病特点，发病迅速，治疗无效，发病率和病死率高，3个月以上病兔多急性死亡，3个月以下多为慢性，哺乳仔兔一般不发病；病理变化主要是呼吸器官出血，脑和脑膜淤血，松果体和脑下垂体有血凝块，可做出初诊。进一步确诊可结合实验室诊断，用红细胞凝集试验和红细胞凝集抑制试验，亦可通过中和试验做出诊断。

【防治】

①做好日常卫生防疫工作，严禁从疫区引进病兔和对外配种，定期用威岛牌消毒剂1∶500带兔喷雾或烧碱、草木灰水消毒。

②预防接种兔瘟灭活疫苗，颈部或股内侧皮下注射，成年兔1毫升，幼兔0.5毫升，注射后14～20天再免疫一次，皮下注射1毫升，免疫期约6个月。未免疫群的仔兔应在20～30日龄免疫，免疫群应在45日龄左右免疫。

③一旦发生兔瘟，应立即封锁兔场，隔离病兔，死兔深埋或烧毁，兔舍及用具要彻底消毒，对健康兔可紧急皮下或肌肉注射高免血清，每千克体重2～3毫升，7～10天后再接种兔瘟组织灭活菌。

④本病目前尚无良好的治疗方法。

(12) 土拉杆菌病（野兔热） 是许多脊椎动物自然发生的急性热性败血性疾病。

【病原】病原为土拉杆菌，是一种多形态细菌，在患病动物血液内呈球状，在培养基上则有球状、杆状、豆状、精子状和丝状等；革兰氏阴性，无鞭毛和荚膜，不形成芽孢；本菌抵抗力极强，在污染的土壤中可存活75天，在毛皮上可存活40天，在甘油内－14℃保存，可存活2年，但60℃以上高温可短时间杀死。常见消毒药1%～3%来苏儿，3%～5%碳酸溶液经3～5分钟致死，0.1%升汞溶液经1～3分钟致死。自然界中的啮齿类动物是主要带菌者，通过被患病动物的排泄物或产品污染的饲料、饮水、用具以及吸血节肢动物或昆虫（如蜱、蝇、蚤、蚊、虱等）传播，经过消化道、呼吸道、伤口、完整的皮肤和黏膜而感染。

【症状】急性型多数不显症状便死亡，个别濒死前拒食与共济失调。大多数病程较长，常发生鼻炎，流鼻涕；体表淋巴结肿胀，发硬，化脓，体温升高，白细胞增多，呈高度消瘦和衰竭。

【病理变化】急性死尸呈败血症变化，并伴有以下特征性病变，病程较长者，淋巴结肿大明显，并有炎症，切面呈紫红色，常有针尖状的灰白色干酪样坏死点；脾脏肿大，呈暗红色，表面和切面有灰白色或乳白色粟粒至豌豆大的坏死灶；肝脏肿大，伴有多发性针尖至粟粒大的白色坏死灶；肺充血，并含块状突变区；肾脏肿大，有灰白色粟粒大的坏死灶。

【诊断】根据临床症状和病理变化以及病原菌的分离做出诊断，必要时可用病料给豚鼠腹腔内注射，据其反应症状做出确诊。

【防治】 预防本病的方法主要在于扑杀兔场内啮齿类动物和消灭肉兔体外寄生虫。兔场应经常进行灭鼠、杀虫和吸血节肢动物，严禁野兔、野味和疫区种兔入场，并定期进行消毒。一旦发现有病，应立即采取综合性防疫措施。

本病的治疗以链霉素效果最佳，土霉素和金霉素（出口禁用）次之。

（13）兔泰泽氏病　是一种寄生在细胞浆内的毛样芽孢杆菌引起的急性传染病。其特征是严重腹泻、脱水和迅速死亡，发病率和病死较高。

【病原】 毛样芽孢杆菌细长，多形态，革兰氏阴性，有运动性，能形成芽孢，不能在普通培养基上生长，仅能在活细胞和鸡胚卵黄囊内生长繁殖。传染途径主要为消化道。6～12 周龄兔最易发病，但断奶前的仔兔和成年兔也可发病。

【症状和病变】 突然发生剧烈水样或黏液样腹泻，肛门和后肢沾有粪便，病兔精神沉郁，拒食，迅速脱水，常于发病后 1～2 天内死亡。耐过急性临床期的病兔表现食欲不振，生长停滞。

剖检病变主要在盲肠和肝脏。盲肠浆膜层呈带状出血，黏膜充血、坏死或由坏死组织形成的颗粒状斑块外面覆以由饲料、坏死碎屑和纤维蛋白组成的假膜，盲肠内容物呈褐色水样，恶臭；肝脏有许多灰白色坏死灶；心肌有条纹状或点状坏死灶。

【诊断】 根据其发病特点（多发生于6～12 周龄兔），临床症状（严重腹泻、脱水、迅速死亡）和病理变化（大肠出血和坏死，心脏、肝脏发生坏死）可做出初诊，结合细菌学检查做出确诊。

【防治】 目前对本病除采用一般性防疫措施外，尚无有效的治疗方法。发病后可用抗生素类药物控制继发感染。

①0.5%土霉素（出口禁用）饮水。

②肌注青霉素，每千克体重 10 万国际单位，每天 2 次。

③口服四环素，每千克体重 40 毫克，每天 2 次。

（14）兔黏液瘤病　是以眼睑和耳根皮下肿胀为特征，并具有高度病死率的兔传染病。

【病原】病原为黏液瘤病毒，是一种比较大的DNA病毒，呈砖形，可在鸡绒毛尿囊膜上生长并产生痘斑病变；在兔肾细胞中产生细胞病变和形成嗜酸性胞浆内包涵体。病毒能存在于病兔全身器官和体液中，对热敏感，不耐pH4.6以下的酸性环境，病变皮肤中的病毒可在常温下存活数月，干燥的瘤体在2～4℃温度下可存活较久，0.5%～2%甲醛1小时可杀死病毒。病毒抗原可使机体产生补体结合、沉淀、中和等抗体。本病易感动物是家兔和野兔，传播方式主要是通过直接与病兔及其排泄物接触或与污染的饲料、饮水和用具等接触而传染，但大多数传染是由蚊子和跳蚤的叮咬造成的机械性传染。

【症状】本病潜伏期4～6天。典型病例，表现黏液、脓性结膜炎，眼睑肿胀，严重时两眼闭合；全身发生黏液瘤肿及水肿，由于头部及耳廓部肿胀，使两耳下垂，头部外观如狮子头状；类似的黏液瘤肿还见于鼻部、颌下、肛门及外阴部周围，病兔有时还出现鼻炎和肺炎。一般在1～2周死亡。由弱毒株引起的黏液瘤，多局限于身体少数部位且不明显，病死率低。

【病理变化】最突出的是皮肤黏膜性肿瘤和皮肤、皮下水肿，水肿液呈微黄色胶样液体，胶样液体中除有多量白细胞外，还有部分正在分裂的组织细胞——黏液细胞，易找到病毒原生小体——包涵体；皮肤和淋巴结出血，胃肠道黏膜、心内膜常有出血斑点，有时可见卡他性肺炎。

【诊断】根据临床症状和病理变化的特异性，结合流行病学不难确诊。由弱毒株引起的非典型病例，可采取病变组织做切片检查见黏液瘤细胞，或涂片检查包涵体，或取肿瘤组织接种家兔做感染试验；或取病料接种鸡胚或组织细胞分离病毒，然后进行荧光抗体试验、琼脂扩散试验或血清中和试验等。

【防治】目前我国尚未发现本病，因此应做好海关、港口检疫，严防本病传入。如疑似有本病发生，应立即上报，并及时采取隔离、封锁、消毒等措施。目前本病尚无有效疗法。

(15) 坏死杆菌病 是以皮肤和皮下组织的坏死、溃疡以及脓肿为特征的散发性传染病。

【病原】病原为坏死杆菌，为多形性的革兰氏阴性细菌，无鞭毛和荚膜，亦不形成芽孢；为严格厌氧菌，可产生内毒素和外毒素，外毒素可引起组织水肿，内毒素可使组织坏死。本菌在自然界中广泛存在，兔场、土壤中均可发现，同时，还是健康动物的扁桃体和消化道黏膜的常在菌，随着唾液和粪便排出而污染环境。所有畜、禽和野生动物均易感，其中家兔最易感，幼兔比成年兔易感性高。其传染途径为通过皮肤、黏膜的伤口而侵入。当笼舍潮湿、拥挤闷热和营养不良而降低机体抵抗力时，可促使本病的发生。

【症状和病变】最普遍的症状是伴有脓肿和溃疡形成的肿胀与坏死。开始是口唇部及齿龈等处出现坚硬的肿块和坏死，以后蔓延至颌下甚至胸前，使皮下组织、肌肉和血管发生坏死，颈下、胸部、四肢关节皮肤也可发生坏死性炎症，形成脓肿和溃疡，并发出恶臭气味。当细菌侵入血管而发生菌血症时，细菌可转移到肺脏、肝脏、心脏和脑等器官，形成坏死灶。患兔体温升高，消瘦。病程一般数周至数月，多致死亡。

【诊断】根据流行病学呈散发性，及口唇部和皮肤等部位发生坏死性炎症等临床症状及病变，可做出初步诊断。进一步确诊可结合细菌学检查和动物接种实验。

【防治】兔舍应光线充足，干燥和空气流通，保持周围环境清洁卫生，消除笼舍及饲草中的锐利物，避免皮肤、黏膜的损伤。一旦发病，及时隔离治疗或淘汰，并做好彻底消毒工作，同时配合药物治疗。

局部治疗的原则是首先清除坏死组织（及时销毁），再用0.1%高锰酸钾溶液冲洗口腔，然后涂擦碘甘油，每天2次；在皮肤炎症的肿胀期，先用5%来苏儿冲洗，再涂擦5%鱼石脂酒精溶液或鱼石脂软膏；当患部溃疡时，除去坏死组织，用3%双氧水（过氧化氢）或1%高锰酸钾水洗涤、清理创面后，再撒上消炎粉或涂敷抗菌素软膏。

全身治疗，着重控制感染，可应用磺胺二甲嘧啶、磺胺噻唑等磺胺药物或肌肉、腹腔注射抗生素。

（16）结核病　家兔结核病是一种慢性传染病，以肺结核和肠结核较多，死后以内脏器官形成结核结节为特征。

【病原】 病原为结核分枝杆菌，细长或稍弯曲，无鞭毛、荚膜和芽孢；革兰氏染色阳性，菌体着色不均匀，如用石炭酸复红加热染色，则着色良好，属于抗酸菌类；本菌分为牛型、人型和禽型三个主型，最常引起兔患病的是牛型结核分枝杆菌；本菌对外界环境影响及一般消毒药的抵抗力相当强，多用10%漂白粉溶液、70%酒精溶液、5%石炭酸溶液和3%甲醛溶液消毒。其传染途径主要是通过呼吸道和消化道，此外，可通过交配、皮肤创伤及脐带传染。

【症状和病变】

①肺结核。消瘦、咳嗽、呼吸困难、食欲减退。

②肠结核。腹泻、食欲减退、日渐消瘦、结膜苍白，多衰竭而死。

剖检后可见肺脏、肝脏、肾脏、胸膜、心包、支气管淋巴结和肠系膜淋巴结有结核病灶，外观为大小不等的白色结节，这些结节具有干酪样中心和纤维组织性包膜。肠结核患兔，肠系膜淋巴结肿大，肠壁有豌豆大结节，肠黏膜发生溃疡，肠道的结核病灶较大，且呈灰白透明区，有别于肠道伪结核结节。

【诊断】 由于临床症状没有特异性，故生前诊断较困难。可根据内脏器官有结核结节的病理变化，再结合病料涂片镜检，用抗酸染色法染色，见红色杆菌，做出确诊。同时，应做病原菌的分离与鉴定。

【防治】 良好的饲养管理条件有利于提高动物的抵抗力。兔场应搞好日常的清洁卫生工作，定期消毒兔舍、兔笼和用具。禁止在饲养过结核病牛或禽的畜舍饲养家兔，如须给兔喂牛奶时应煮沸后再喂。发现病兔应立即淘汰，死兔应深埋，并做好消毒工作。

（17）兔痘　是由兔痘病毒引起的一种急性、热性、高度接触性、高度致死性传染病。其特征是全身皮肤发生痘疹，鼻和眼部发生炎症，淋巴结肿大，病死率较高。

【病原】兔痘病毒，呈砖形，易在鸡胚绒毛尿囊膜上生长并产生痘斑和出血，还能在多种动物的细胞，尤其是兔肾和鼠肾细胞中繁殖，产生细胞病变和空斑，并形成嗜酸性胞浆内包涵体。该病毒在室温下可耐受干燥，在潮湿环境下，经60℃、10分钟即被破坏；在直射的阳光下迅速死亡；常用的消毒药为1%～3%氢氧化钠溶液。该病毒可存在于肺部、肝脏、脾脏、血液、睾丸、卵巢、肾上腺、脑、尿和胆汁中，易感动物主要是家兔，传染途径为通过呼吸道、消化道、皮肤或黏膜传染。

【症状和病变】本病潜伏期3～5天，少数10天以上。

痘疱型的典型临床症状是体温升高，流鼻涕，呼吸困难，眼睛受侵，畏光。早期病兔淋巴结肿大，尤其是腘淋巴结和腹股沟淋巴结更明显，扁桃体肿大；约1天后，皮肤出现红色斑疹，随后变为丘疹，最后形成脐状痘疱，最终干燥结痂；皮肤痘疹可遍布全身，但最常见于耳、唇、眼睑、躯干和阴囊皮肤，亦可见于肛门；病兔眼睛受侵，轻者眼睑发炎、流泪，重者呈化脓性眼炎或弥漫性、溃疡性角膜炎，并常出现角膜溃疡；有些病兔还可出现共济失调或麻痹等神经症状，同时常并发支气管肺炎、喉炎、鼻炎、胃肠炎和流产。

剖检时可见患部皮肤水肿、出血和坏死，痘疹明显；肺脏常有粟粒状半透明或灰白色结节；胃肠腹膜和网膜有灶性丘疹；肝脏增大色黄，且有多量灰白色结节或灶性坏死；脾脏肿大，伴有灶性结节和小坏死区；有时在睾丸、卵巢、子宫器官也可见上述病变。

非痘疱型的症状，皮肤一般无异常，仅表现拒食、发热和不安，有的有结膜炎和下痢，偶尔在舌唇黏膜出现少数散在的丘疹，感染1周后死亡。

剖检突出变化是胸膜炎，肝脏灶性坏死，脾脏增大，睾丸水肿出血，肺部和肾上腺可见大量白色小结节。

【诊断】 根据临床症状和病理变化一般可做出诊断。必要时，可进行实验室诊断，包括鸡胚接种、包涵体检查、细胞培养及动物接种等。

【防治】 因对本病缺乏充分研究，故目前尚无特效预防及治疗措施。

（二）寄生虫病

（1）球虫病　兔球虫病是肉兔寄生虫病中危害最严重的一种原虫病。依据球虫种类和寄生部位的不同，可分为肝球虫病和肠球虫病两种，但以混合感染最为常见。

【病原】 文献中记载的家兔球虫有14种（表8-2）据我国各地调查报道的有10余种，除兔艾美耳球虫寄生于肝胆管上皮细胞内引起肝型球虫病外，其余的均寄生在肠管上皮细胞引起肠型球虫病。

表8-2　各种兔球虫的特征

种类	卵囊								潜隐期（天）	寄生部位	致病性
	大小（微米）		形状	颜色	卵膜孔	孢子化时间（小时）	残体				
	范围	平均					外部	内部			
兔艾美耳球虫	（32.9～41.4）×（19.2～23.2）	36.5×20.9	长卵圆形	淡黄	明显宽广平坦	60～70	－	＋	9	肝胆管	＋＋＋＋
穿孔艾美耳球虫	（16～30.1）×（11～18.4）	23.1×14.4	长圆	无色	无	24～30	＋	＋	5	空肠回肠	＋
大型艾美耳球虫	（32.9～42.5）×（21.9～27.4）	27.3×25.1	卵圆	淡黄橙黄	很明显边缘隆起	48～50	＋	＋	7	回肠盲肠	＋＋

（续）

种类	卵囊								潜隐期（天）	寄生部位	致病性
	大小（微米）		形状	颜色	卵膜孔	孢子化时间（小时）	残体				
	范围	平均					外部	内部			
中型艾美耳球虫	(21.9～37)×(13.7～20.6)	30.5×19.2	长圆	淡黄橙黄	明显卵膜孔稍突出	30～40	+	+	6	十二指肠空肠	++
无残艾美耳球虫	(27.4～35.6)×(20.6～24.7)	33×23.1	卵圆	淡黄	很明显浅碟状	65～70	—	+	9	空肠	+
梨形艾美耳球虫	(26～32)×(17～21)	29×18	梨形卵圆	淡黄	明显浅碟状	48	—	+	9	小肠大肠	+
盲肠艾美耳球虫	(25～40)×(15～21)	—	长圆	淡黄无色	明显浅碟状	72	+	+	9	回肠下段盲肠	+
肠艾美耳球虫	(24.7～37)×(17.8～23.3)	31×19.9	卵圆	淡黄	很明显	24～48	+	+	9	空肠回肠	+++
长形艾美耳球虫	(35～40)×(17～20)	—	长椭圆两侧平行	淡绿淡灰	很明显	96	—	+	—	可能在小肠	—
马氏艾美耳球虫	(22～29)×(16～22)	25×18	宽卵圆	淡黄	明显	36～48	+	+	—	回肠	+++
纳格浦尔艾美耳球虫	(20～27)×(10～15)	23×13	长圆形	无色淡黄色	无	—	—	+	—	—	—
小型艾美耳球虫	(12～21)×(10～10)	14×13	圆形类圆形	无色	无	—	+	+	—	—	—
新兔艾美耳球虫	(35.6～43.8)×(21.9～27.4)	39.4×23.9	长圆	淡红黄色	明显	70～75	—	+	8	回肠盲肠	+
大孔等孢球虫	—	—	—	—	宽大	—	—	+	—	小肠	—

【生活史】 兔球虫为直接发育，无中间宿主，其生活史可分为三个阶段。

①无性生殖阶段。形成孢子的卵囊随饲料及饮水被动物吞食，进入动物肠管后，孢子体脱卵囊而出，钻入上皮细胞，形成圆形的裂殖体，裂殖体再以裂殖体增殖的方式分裂形成许多裂殖虫（裂殖子），被寄生的上皮细胞遭到破坏，虫体逸出，钻入新的上皮细胞形成裂殖体——裂殖虫；如此反复多次裂体繁殖，形成配子体，进入有性繁殖阶段。

②有性生殖阶段。在上皮细胞内形成的配子体，以配子生殖法形成雌性细胞（大配子）和雄性细胞（小配子），雌雄两性细胞结合成合子，合子周围迅速形成一层被膜，即为卵囊。卵囊由上皮细胞进入肠管内，随粪便排出体外。

③孢子生殖阶段。卵囊在外界环境中得到充足的氧气供应，在适当的温度和湿度下，经过一段时间（常为24～72小时），发育形成孢子囊，每个孢子囊内形成2个或4个孢子体（子孢子），即形成感染性卵囊。球虫的整个发育过程如图8-1所示，家兔

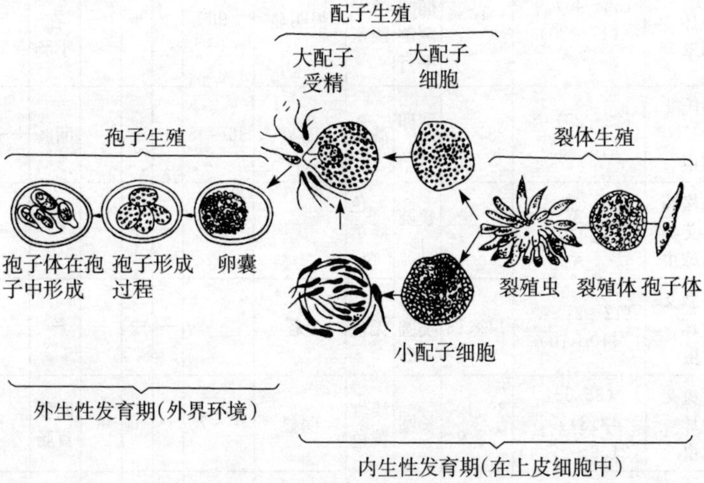

图8-1 球虫发育过程

各种球虫的感染性卵囊如图 8-2 所示。

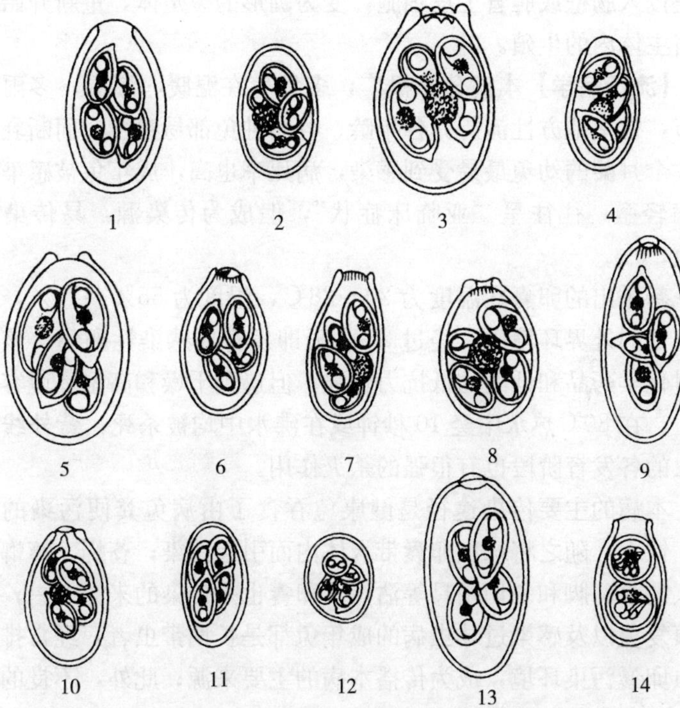

图 8-2　家兔各种球虫的感染性卵囊

1. 兔艾美耳球虫　2. 穿孔艾美耳球虫　3. 大型艾美耳球虫
4. 中型艾美耳球虫　5. 无残艾美耳球虫　6. 梨形艾美耳球虫
7. 盲肠艾美耳球虫　8. 肠艾美耳球虫　9. 长形艾美耳球虫
10. 马氏艾美耳球虫　11. 纳格浦尔艾美耳球虫
12. 小型艾美耳球虫　13. 新兔艾美耳球虫　14. 大孔等孢球虫

无性生殖和有性生殖在宿主体内进行，称内生性发育；孢子生殖在外界环境中完成，称外生性发育。

家兔吞食了散布在土壤、地面上的饲料和饮水等外界环境中的感染性卵囊后，感染性卵囊受到十二指肠液和胰液的刺激及肠蠕动的机械作用，子孢子便由孢子囊有栓塞的一端逸出至卵囊内，再从卵膜孔处钻出，或卵囊壁破裂而逸出。释放出的子孢子迅速侵入肠壁或胆管上皮细胞，变为圆形的裂殖体，重新开始其在宿主体内的生殖。

【流行病学】本病分布极广，多发生在温暖、潮湿、多雨的季节，常呈地方性流行。各年龄、各品种兔都易感性，而断乳后至 2 个月龄的幼兔最易受到感染，病死率也高，成年兔被感染后发病轻微，往往呈“亚临床症状”，但成为传染源，易传染给仔兔。

新排出的卵囊在温度为 20～28℃，湿度为 55%～75%，氧气充足的外界环境中，经过 2～3 天即发育成感染性卵囊，该卵囊对化学药品和低温的抵抗力较强，但遇到干燥和高温环境容易死亡，在 80℃热水中经 10 秒钟或在沸水中均被杀死，紫外线对球虫的各发育阶段也有很强的杀灭作用。

本病的主要传染途径是健康兔吞食了由病兔粪便污染的饲料、饮水，随之将球虫卵囊带入体内而引起感染；苍蝇、蟑螂以及人的手、脚和一切用具等沾污了卵囊也是传染的来源之一；病愈康复兔以及感染过球虫病的成年兔都是长期带虫者，经常排出球虫卵囊污染环境，成为传播本病的主要来源；此外，不良的饲养管理条件，如日粮营养水平低，饲料中维生素不足，兔舍拥挤、潮湿，清洁卫生工作差等，都可促使本病的发生。

【症状】兔球虫病的症状，随着患兔年龄、生理状况、球虫种类、感染强度及饲养管理情况而不同。按病程长短可分为：急性，病程 3～6 天，患兔常常死亡；亚急性，病程 1～3 周；慢性，病程 1～3 月。按球虫寄生部位可分为：肠型、肝型和混合型。临床所见多为混合型。

①肠型。一般表现急性经过，有时不表现任何症状而很快死亡。多发生于 20～60 日龄兔，患兔突然侧身倒下，颈背及两后肢强直痉挛，头向后仰，频频惨叫而死；耐过不死的病兔转为慢性，表现食欲不振，腹围增大，拱背，下痢，肛门周围沾污稀

粪，病程 10～15 天，常消瘦、贫血。

②肝型。急性病例常发生于 30～90 日龄幼兔，临床上常见不到任何症状，四肢痉挛而死亡。肝型慢性经过多见成年兔，患兔被毛脆而无光泽，易脱落；眼球发紫，结膜苍白，黏膜黄染；肝脏肿大，肝区触诊疼痛；一旦下痢，病兔很快消瘦死亡。病程长达 2～3 个月。

③混合型。多发生于老兔场，具有肠型和肝型两种临床症状表现。患兔呈进行性消瘦，贫血，腹泻与便秘交替发生，排尿频繁或常作排尿姿势，尿液黄色、混浊，一般愈后不良。

【病理变化】一般可见尸体消瘦，被毛粗乱无光，可视黏膜苍白或黄染，肛门周围被粪便污染。

①肠球虫病患兔，胃肠臌气，黏膜充血发炎；慢性病例的肠黏膜呈灰色，盲肠，尤其是蚓突部有许多小而硬的白色结节，有的有化脓性坏死灶；肠系膜淋巴结肿胀，膀胱积尿，色黄混浊，黏膜脱落。

②肝球虫患兔，腹腔积水，肝脏肿大，肝表面及实质内有许多米粒到黄豆大的白色或淡黄色结节性病灶（俗称球虫斑），内有黄脓汁，镜检可见大量球虫卵囊，日久则变为粉粒样钙化物。病程较长者的胆管周围和小叶间部分结缔组织增生，肝细胞萎缩，肝脏容积缩小，胆囊肿大，胆汁浓稠，色暗，内含大量崩解的上皮细胞。

③混合型患兔，剖检时可见上述两种球虫病病变，且较为严重。

【诊断】根据流行病学、临床症状、病理变化，结合球虫卵囊检查的结果进行确诊。检查粪便中的球虫卵囊，可用饱和食盐水漂浮法，做涂片镜检，亦可用肠黏膜刮取物，肝脏病灶部刮取物及胆汁等制作涂片、镜检，均可见大量的卵囊、裂殖体和裂殖子等。急性病例，粪便中不排出卵囊，可用胆囊渗出物或胆汁作涂片、镜检。

饱和盐水漂浮法：基本原理是采用比卵囊比重高的溶液，使卵囊上浮于液体表层。操作过程如下。

①制备饱和食盐溶液。在1 000毫升沸水中，加入380～400克食盐，充分搅拌、溶化，再用纱布或脱脂棉过滤，冷却后使用。

②取新鲜兔粪5～10克，置于容量为100～200毫升烧杯中，加入少量饱和食盐溶液搅拌溶解后，再加饱和食盐水（盐水总量约为粪量的10倍）搅匀。

③用双层纱布或60孔网筛，将上述粪液过滤到另一个烧杯内，弃去粪渣。

④将滤液静置30～40分钟后，卵囊浮在液面上，再用直径0.5～1厘米的小铁丝圈平着接触液面，蘸取一层水膜，抖落到载玻片上，加盖玻片后镜检。

【防治】应采取综合性防治措施。

①养兔场应建于高燥向阳处，保证兔舍通风向阳，保持干燥。

②保持兔舍环境清洁卫生。每天清扫兔场、粪便；饲槽、饮水器及草架应设置在兔笼外，防止粪便污染饲料和饮水，笼底板的网眼应便于粪尿的排出；消灭球虫卵囊的机械性传播者（鼠类、蝇类、害虫）；经常刷洗饲槽、饮水器等；兔舍、用具等定期消毒。

③幼兔与成年兔分开饲养，断奶仔兔及早隔离，以免传染幼兔。

④日粮配合应营养全面，给予糖类饲料，添加维生素和盐类，以增强兔体的抵抗力，减少球虫病的发生。同时可添加适当的抗球虫药预防该病的发生。

⑤发现球虫病兔应及时隔离、治疗，对尸体和内脏要深埋或焚烧。

⑥由于球虫对药物易产生抗药性，因此球虫病的防治需将下

述抗球虫药交替使用或联合使用。

a. 梅雨期间可用氯苯胍150～200毫克/千克，磺胺二甲嘧啶（SM_2）0.1%拌料饲喂，交替使用各1周，可预防本病发生，治疗量各加倍。

b. 磺胺氯吡嗪，按每天每千克体重服药30毫克，连用10天，必要时停药1周后再用10天，或按0.03%加入饲料，按0.02%加入饮水，连续喂饮1个月，预防效果均好。

c. 复方磺胺甲氧吡嗪（SMPZ每片含SMPZ 250毫升，TMP 125毫克），成兔每次1/2片，幼兔1/4～3/8片，仔兔1/8片，每天1次，连服3～5天，疗效显著。

d. 磺胺二甲氧嘧啶用于预防，可按每天每千克体重服药75毫克量，连用3天，停药7天后再用3天，在1个月内可反复应用三个疗程。若用于治疗，按第一天每千克体重200毫克，第2～5天改为100毫克。或者与二甲氧苄氨嘧啶按5∶1的比例混合成复方合剂，每千克饲料内添加1～1.25克，连喂3天；或每1 000毫升饮水添加25毫克，连饮8天，治疗效果均好。

e. 磺胺二甲嘧啶用于预防，按0.1%加入饲料或按0.2%加入饮水，连续喂饮2～4周。治疗，按0.5%加入饲料，连用1周，必要时停药1周后再用1周，或按每千克体重每天100毫克，连用3天，停药1周后再用3天。磺胺喹噁啉按0.02%～0.03%加入饮水，连用3～4周，可预防球虫病。有效磺胺按每千克体重每天75毫克，连用7天，也可治疗球虫病。

f. 球虫灵可按每天每千克体重50毫克，每天2次，连用5天，防止球虫病暴发。球痢灵（硝苯酰胺）主要作用于二代繁殖体，按50毫克/千克或0.012 5%拌料，连喂5天，可预防球虫病；治疗时可按0.025%～0.03%的浓度拌料饲喂3～5天。球虫净（尼卡巴嗪）按0.012%或克球多按0.002%～0.015%浓度拌料饲喂，3～5天1个疗程，2～3天后再喂1～2个疗程，亦可防治球虫病。

g. 莫能菌素按每千克饲料 40～50 毫克混饲；可控制该病的发生。此外，盐霉素 50 毫克/千克拌料混饲，有防治作用。

h. 在精饲料中加洋葱、大葱、大蒜也有预防球虫病的作用。

i. 中药亦有预防和治疗本病的作用，下面几个中药配方，供参考。

四黄散：黄连、黄柏各 20 克，黄芩 48 克，大黄 16 克，甘草 26 克，共研末，每天 2 次，2 克/次，连服 1～3 天。未愈可连服。

球虫九味散：白僵蚕 32 克，生大黄、桃仁泥、土鳖虫各 16 克，生白术、桂枝、白茯苓、泽泻，猪苓各 10 克研末，每天 2 次，3 克/次，病初效果显著。

雷公藤注射液（别名火虫针）每千克体重 1 毫升（极量 6～8 毫升）静脉注射，隔 3 天重复一次。此药毒性大，仔兔和临产兔不宜用。

（2）弓形虫病　是由龚地弓形体原虫引起的人畜共患的寄生虫病。

【病原】病原是龚地弓形虫，不同的发育阶段，有不同的形态。滋养体和包囊出现在人、兔、鼠等中间宿主体内；裂殖体、配子体和卵囊只出现在终末宿主（猫）体内。引起家兔发病的有两种类型：增殖型即滋养体，出现于病的急性期；包囊型多发生在慢性或隐性阶段。

①滋养体。又称速殖子，存在于细胞内或细胞外，主要见于急性病例。其形态呈新月形、香蕉形或弓形，长 4～7 微米，宽 2～4 微米，一端稍尖，一端钝圆，核偏于钝圆的一端；经姬氏液或瑞氏液染色后，胞浆呈蓝色，核染成紫红色；在单核细胞、内皮细胞、淋巴细胞等有核细胞内还可见到正在繁殖的虫体。

②包囊型。包囊又称组织囊，出现在慢性病例或无症状病例。通常呈卵圆形，囊内含有数个至数千个慢殖子，慢殖子的形态与滋养体相似。包囊主要寄生在脑、视网膜、骨骼肌、心肌以

及肺、肝、肾等处，直径可至 30～60 微米，可在宿主体内寄生数月、数年。

③裂殖体。在猫的肠上皮细胞内进行无性生殖，一个裂殖体可发育成许多裂殖子。

④配子体。是在猫的肠上皮细胞内进行有性生殖时的虫体，有大配子体和小配子体两种，小配子体色淡，核疏松，后期分裂成许多小配子（雄性）；大配子体核致密较小，形成一个大配子（雌性）。

⑤卵囊。呈卵圆形，有双层囊壁；每个卵囊内形成 2 个卵圆形的孢子囊，每个孢子囊内含 4 个长形弯曲的子孢子。卵囊随猫粪排到体外。

【流行病学】本病多发生在夏秋季节。猫是弓形虫的终末宿主，也是人兽弓形虫病的主要传染源，猫感染后 1～2 周内即开始排出卵囊，一昼夜可排出卵囊 10 万～20 万个，卵囊在外界环境中经 1～5 天（或更长的时间）即发育为内含孢子囊和子孢子的感染性孢子化卵囊，再通过皮肤、消化道、呼吸道、眼结膜等途径侵入兔体，也可经胎盘传染给胎儿；进入兔体后，主要通过淋巴血液循环侵入有核细胞，在胞浆内进行无性生殖引起发病。

病兔和带虫者的肉、内脏、血液、渗出液和排泄物中均可能有弓形虫；吸血昆虫和蜱等可机械地传播本病。

弓形虫的不同发育阶段，抵抗力不同，卵囊的抵抗力较强，在常温下保持感染力可达 1～1.5 年，一般常用消毒药对其无作用；包囊在冰冻和干燥条件下不易生存，能抵抗胃液的作用；滋养体的抵抗力最差，在生理盐水中，几小时后感染力即消失，各种消毒药均能使之致死，1%浓度的来苏儿 1 分钟内即可杀死滋养体。

【症状】

①急性型。主要发生于仔兔，以突然停食，呼吸加快，体温升高（40℃以上）为特征，有浆液性或脓性眼垢和鼻涕，嗜睡，

后期出现惊厥，后肢麻痹，一般2～8天死亡。

②慢性型。常见于老年兔，病程较长。病兔厌食、消瘦、后躯麻痹，突然死亡，亦有不少康复。

【病理变化】

①急性型。为全身性病变。除中枢神经系统外，主要脏器和组织均有肉眼可见的病变，以淋巴结、脾脏、肝脏、肺脏和心脏广泛出血、坏死为特征。肠黏膜高度充血，并有扁豆大溃疡；胸腔和腹腔积液。

②慢性型。病变不明显，各内脏器官可能水肿、增大，并有散在的坏死灶。

【诊断】确诊本病，需采用病原学诊断和血清学诊断。

①病原学诊断。将可疑病兔或兔尸肺、肝、淋巴结等组织和体液作涂片、压片或切片。涂片自然干燥后，用甲醇固定，再用姬氏或瑞氏液染色检查。慢性病例可检查脑中的包囊。将脑组织置乳钵中加生理盐水研磨，然后用低倍镜检查脑组织悬浮液中的包囊，其中包囊呈圆形或椭圆形，颜色深暗，大小为30～60微米，找到后，再进一步通过涂片或切片染色，置于高倍镜或油镜下检查确定。

亦可取肺及肺门淋巴结研碎后，加10倍生理盐水混合过滤，滤液用500转/分，离心3分钟，取上清液，再用1 500转/分，离心10分钟，取沉渣涂片、干燥、固定、染色、镜检。

还可取肺脏、肝脏、淋巴结等组织研碎后，加10倍生理盐水混合均匀，然后按每毫升混悬液加青霉素1 000单位和链霉素1 000毫克，在室温下放置1小时后振荡，待沉淀后取上清液接种于小白鼠腹腔，0.5～1.0毫升/只，连续观察20天，若小白鼠出现呼吸急迫或死亡等临床症状，再取小白鼠腹腔液及脏器作抹片、染色、镜检。

②血清学诊断。用间接血凝试验、染料试验、间接荧光抗体法、补体结合反应以及酶联吸附试验等进行诊断。

【防治】经常保持兔舍清洁卫生，定期消毒；严禁在兔场养猫及其他肉食动物，严格阻断猫粪及其排泄物对兔舍、饲料、笼具和饮水等的污染，大力灭鼠；对死于本病的和可疑的死兔要焚烧或深埋。

本病的治疗应在发病初期，若服药较晚，则只能消除临床症状，不能阻止虫体进入组织内形成包囊，从而成为带虫者。早期治疗，可选用磺胺嘧啶、磺胺二甲基嘧啶、制菌磺（SMM）等。疗效较好的方剂为：

①内服，磺胺嘧啶，每千克体重 0.1 克，每天 2 次。

②内服 SMM，每千克体重每天 80～100 毫克，或 SMM 与 DVD 按 5∶1 制成复合制剂，每千克体重每天 60 毫克，连服3～4 天。

③肌肉注射 SMM，每千克体重 0.07 克，每天 1 次，连续 3～5 天，若配合应用甲氧苄氨嘧啶（TMP）抗菌增效剂，效果更佳。

（3）螨病（疥癣病）　又叫干爪病、癞病。是由螨寄生在皮肤而引起的一种接触传染的慢性皮肤病，其特征是剧痒、脱毛、结痂。

【病原】引起兔疥癣病，较为常见的螨有四种，疥螨科中的兔疥螨和兔背肛螨，痒螨科中的兔痒螨和兔足螨（图 8-3，表 8-3）。

表 8-3　疥螨与痒螨的形态比较

科别	成虫形状	大小（微米）	口器	腿	吸盘			
					形状	茎	雌性	雄性
疥螨科	几乎圆形，背面粗糙	200～500	似蹄铁形（短）	短粗	钟形	不分节	第三、第四对腿无吸盘	第三对腿无吸盘
痒螨科	长椭圆形	500～900	似圆锥形（长）	细长	喇叭形	分节	第三对腿无吸盘	第四对腿无吸盘

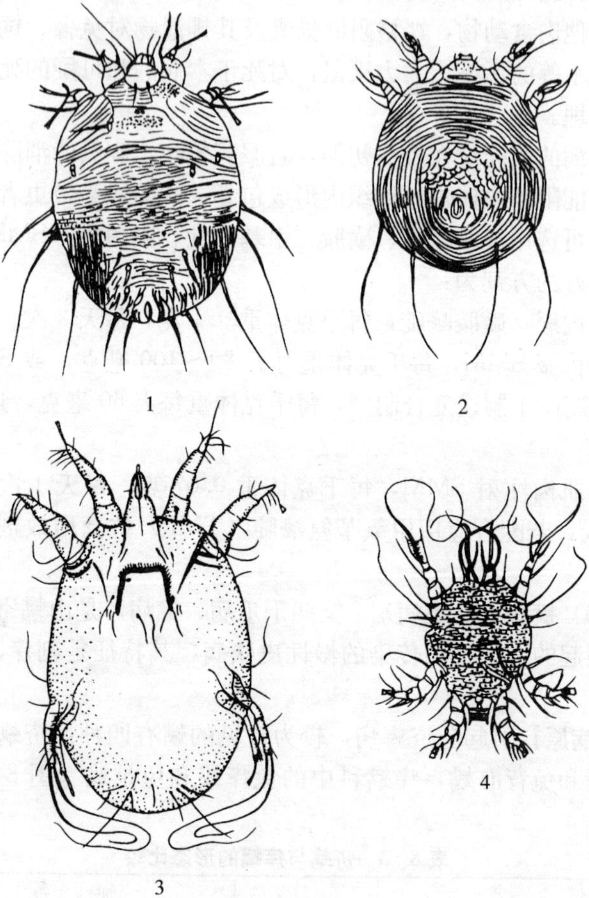

图 8-3　兔常见螨

1. 兔疥螨　2. 兔背肛螨　3. 兔痒螨　4. 兔足螨

①兔疥螨。体小，呈圆形，外形如龟，背面、腹面扁平；整个虫体的头、胸、腹融为一体；前面为假头，上有马蹄形口器；身体背面有许多刚毛和小刺；腹面有四对腿，肛门在虫体后缘。雌虫比雄虫大。

②兔背肛螨。也称兔小耳螨。体形更小，形态与兔疥螨相似，主要不同之处是肛门位于虫体背侧，距虫体后缘较远。

③兔痒螨。虫体比疥螨大，呈椭圆形；体表光滑，有细毛，表面淡黄色；口器长而尖，呈圆锥形，腿比疥螨长。

④兔足螨。形态和痒螨近似，口器较短，虫体呈卵圆形，不同之处是跗节吸盘的柄不分节，痒螨分节，长约0.3～0.5毫米，比痒螨小。

【流行病学】本病的主要感染方式是接触感染，健康兔接触病兔或病兔污染物（兔笼、饲槽栏、管理用具）而造成感染。在秋冬季节，特别是多雨天气，笼舍阴暗潮湿，兔体绒毛增生，皮肤表面通风不良，气温下降，湿度增高，有利于螨的繁殖和蔓延。若兔群的卫生条件不良，管理不善，营养和健康状况不佳，均可促进疾病的加重和蔓延。

【症状】兔疥螨和兔背肛螨多寄生于头部和掌部无毛或毛较短的部位，最初往往出现在鼻和唇，而后扩展到眼、头前和面部，在这些部位的真皮层挖掘隧道，吞食上皮细胞，吸吮淋巴液，再加上其代谢产物的许多有毒物质，刺激神经末梢，引起强烈瘙痒。病兔擦痒，抓搔患部，开始发生局部脱毛和浆液性渗出，接着形成由干固的血清与上皮碎屑组成的白黄色痂皮，进而导致皮肤损伤和继发性细菌感染等严重病变。此外，螨的毒素可引起代谢紊乱，致使病兔消瘦、贫血甚至死亡。

兔痒螨主要侵害耳部。由于病原体引起的剧烈瘙痒，病兔常用后脚抓搔头部和耳，引起耳根部发红肿胀，随着自伤而导致继发性细菌感染。由于螯肢（口器部分）穿破并吞食皮肤的表皮层引起了炎症渗出，病初在耳内出现干的白灰色以至黄褐色的痂样渗出，而后痂块变成干燥加厚的糠麸样物质，慢慢塞满耳道，兔耳变重下垂，发痒或化脓。有些病变扩大到中耳和内耳，甚至脑膜，引起病兔癫痫样发作，以致死亡。

兔足螨常在头部、外耳及足掌寄生，传播较慢，容易治疗。

【诊断】 根据临床症状可初步做出诊断，进一步确诊需找到虫体。具体方法在病变部与健康皮肤交界处，用小刀刮取病料（见血为止），放在载玻片上，加1滴50%甘油水溶液或液体石蜡，盖上盖玻片后在低倍显微镜下检查虫体。也可将病料放入10%氢氧化钠或氢氧化钾溶液中浸泡1～2小时，或煮沸数分钟，然后静置20分钟或离心，取沉淀物镜检。也可取沉淀物加入试管，再添加60%次亚硫酸钠溶液近管口，静置5～10分钟，从液面取样镜检。

螨病与湿疹和秃毛癣的鉴别诊断：秃毛癣不痒，患部呈现圆形或椭圆形明显的秃毛区，上面有易脱落的白色皮屑，创面干燥，不形成痂皮，而后融合成一个相当大的癣斑，镜检时可发现真菌的孢子和菌丝；湿疹多发生在患兔腹下，呈密集的小红点或红疹块，有被毛脱落，痒感不剧烈。

【防治】 经常保持兔舍干燥、通风、透光，勤清除粪便，勤换垫草，定期消毒，保持肉兔的皮肤卫生，加强饲养管理；定期检查兔群，一旦发现病兔，立即隔离、治疗或淘汰，并对其所用器具、兔笼、兔舍进行严格消毒。

药物治疗时应注意以下几点：

①先去掉痂皮，再用5%温肥皂水或2%温来苏儿溶液（40～50℃）刷洗，最后用药，有利药液渗入。

②第一次治疗后7～10天，再进行第二次治疗。

③严禁在兔舍内处理螨病，处理后的毛、痂皮要就地烧掉。

④不宜用药浴方法治疗兔螨病。

治疗药物：

①16%蝇毒磷乳油，加水70倍稀释成0.2%浓度的溶液，涂于患处，一般一次即可痊愈，严重的隔2～3天重复1次。

②含氯菊酯10%的二氯苯醚菊酯乳油（又称除虫精），用2 500～5 000倍稀释液（1毫升加温水2.5～5千克）涂擦患部，注意使被毛充分湿透，一般一次治愈，重者1周后重复一次。

③用1%～2%敌百虫水喷洒笼舍及患处部位；或用1%～2%敌百虫酒精溶液（75%酒精100毫升加精制敌百虫1～2克全溶解）涂擦患处；亦可用2%～5%敌百虫软膏（医用凡士林100克加精制敌百虫2～5克充分拌匀）涂擦患处，4～6天擦1次。

④20%戊酸氰醚酯乳油（又名杀灭菊酯、速灭杀丁），可用5 000～7 500倍稀释液（1毫升加温水5～7.5千克），涂擦患部，一般一次均能治愈，重者可隔7～15天再用药1次。

⑤用10%～15%灭虫丁软膏涂患部，一次即可杀灭成虫、幼虫和卵。

⑥20%雄黄油剂（100毫升豆油烧热加20克雄黄充分拌匀即可）涂擦患处，每天1次，3～4次即可。

⑦内服蜈蚣粉（蜈蚣焙干研粉），体重为1.5千克的患兔服一条蜈蚣，同时用2%敌百虫涂擦患部，一般一次即愈。

⑧对耳内部患者，除去痂皮后，用碘甘油（碘酊3份，甘油7份）或硫黄油（硫黄、松节油和植物油等量混合）滴入耳内，每天1次，连续3天为一疗程，8天后再重复1次。

（4）豆状囊尾蚴病　是由豆状带绦虫的幼虫寄生于家兔的肝脏、肠系膜和骨盆腔内所引起的疾病。

【病原及生活史】豆状囊尾蚴呈白色的囊泡状，大小如豌豆，囊壁透明，囊内充满液体，囊壁上可见嵌于壁内的白色头节，头节上有4个吸盘，两圈角质钩。豆状带绦虫的成虫为白色带状，链体长60～200厘米，边缘锯齿状，故又称锯齿带绦虫，寄生于犬、狼、狐狸等肉食动物的小肠内。

兔等动物吞食了被豆状带绦虫的孕卵节或虫卵所污染的饲料或饮水后，虫卵中的六钩蚴在消化道内移出，钻入肠壁，随血液到达肝脏或离开肝脏再到腹腔，发育成豆状囊尾蚴。犬、狐狸等肉食动物吞食了含有豆状囊尾蚴的兔或其他啮齿类动物的脏器后，在消化道小肠内，囊尾蚴即翻出头节，并固着在肠壁上，约经1个月发育为成虫。

【流行病学】本病呈世界性流行，我国有10多个省市发生过本病。

【症状】一般情况下，豆状囊尾蚴对兔的致病作用不很严重，大量感染（100～200个）时可出现临床症状。若寄生于肝脏内，则造成肝脏损伤，患兔表现消化紊乱，不愿活动等；若寄生于腹腔内，则表现腹围增大，精神沉郁，食欲不振，逐渐消瘦等症状。

【诊断】生前诊断较困难，一般靠死后剖检时发现豆状囊尾蚴而确诊。

【防治】本病目前尚无较好的治疗方法，应以预防为主。兔场严禁喂狗，严防犬粪污染饲料和饮水，禁止用含有豆状囊尾蚴的兔内脏喂犬。

（5）虱病　是由兔虱寄生于兔体表面而引起的一种慢性外寄生虫病。

【病原】兔虱终生不离开宿主，幼虫和成虫均靠吸血维持生活，一只虱，一天能吸兔血0.2～0.6毫升；离开宿主后，通常在1～10天内死亡。兔虱对低温的抵抗力强，0～6℃时可存活10天；对高温与湿热的抵抗力弱，35～38℃时一昼夜即死亡。

【流行病学】秋冬季节，兔换毛后，绒毛增生，被毛厚密，皮肤表面湿度增加，气温降低，最适宜兔虱生存和繁殖，故虱病较严重；反之，夏季则不利于兔虱的生存和繁殖，虱病显著减少。兔虱的传播方式，主要是直接接触而感染，即健兔与患兔互相接触而感染；其次也可以通过用具和褥草而传播。

【症状】兔虱在叮咬吸血时，能分泌毒性唾液，刺激神经末梢，引起发痒，使兔不安，影响采食和休息。患兔啃咬或到处擦痒，造成脱毛、脱皮及皮肤损伤，有时可引起继发性细菌感染；若兔虱过于密集，还可引起化脓性皮肤炎；患兔食欲减退，消瘦，被毛粗乱，抗病力减弱，幼兔发育不良。

【防治】加强饲养管理，保持兔体清洁卫生；兔舍经常打扫、消毒，保持干燥、通风；勤换、勤晒垫草；定期检查兔群，发现有兔虱，及时隔离治疗。

兔虱的治疗方法：

①1%～2%敌百虫水溶液进行喷洒或擦洗。

②取1毫升20%戊酸氰醚酯乳油，加温水4 000～8 000毫升配成溶液，涂擦患兔被毛。

③取4毫升12.5%的双甲脒乳油，加水至1 000毫升，进行涂擦或喷洒。

（三）消化道疾病

（1）腹泻　是指肉兔在致病因素的作用下，排粪次数和排粪量增加，粪便变稀软或呈水样。

【病因】引起肉兔发生腹泻的原因比较复杂。一方面可能由生物性致病因素引起，如细菌（沙门氏杆菌、大肠杆菌、伪结核杆菌、魏氏梭菌、螺旋形梭菌、泰泽氏菌、变形杆菌、毛样芽孢杆菌和孤菌等）、病毒（腺病毒和轮状病毒等）、真菌及其毒素。另一方面可能由饲料及饲养管理不当原因造成的。如饲草、饲料的突然变换，饲喂不定时不定量，采食过多或断奶过早而贪食，兔舍寒冷、潮湿，饲料、饲草发霉变质，饮水品质不良，采食带露水或冰冻的饲草，过食不易消化的草料，精饲料含量过高，以及季节、环境气候条件的影响，长途运输等。此外，过量使用磺胺和抗生素类药物，导致肉兔肠道正常菌群失调，也可引起腹泻。

【症状】有人根据临床症状表现将腹泻分为臌气型、胃肠卡他型、痢疾型和便秘—腹泻四种类型。各种类型的患兔一般均表现为精神不振，常蹲于一隅，食欲减退或废绝；粪便稀软，呈粥状或水样，有腥臭味，粪便中常混有未消化的饲料颗粒或混有黏液、气泡和血液等；肛门及尾根常有粪便污染；腹部膨大，尿量减少，呈灰白色；胃肠蠕动音增强，有的呈现腹痛、腹胀等症状；随着炎症的加剧，则体温升高，消瘦，被毛粗乱，无光泽，黏膜发绀或黄染，全身恶化，如不及时治疗，便会死亡。病死兔剖检变化主要在消化系统。

【诊断】主要应注意将一般性腹泻和寄生虫性腹泻、细菌性痢疾区别开来。鉴别诊断的方法主要依赖于微生物学的病原分离法和寄生虫学诊断法，必要时可进一步做生化试验、血清学分型和动物复制试验，以便找出病因对症治疗。

【防治】针对发病原因，采取急救措施。病兔停食2～3顿，停喂青绿多汁饲料，喂给清洁温水及少量易消化的饲料，避免寒冷袭击，同时配合药物治疗。

①首先应抗菌消炎。

a. 内服磺胺脒、磺胺噻唑、合霉素或链霉素；肌肉注射庆大霉素。

b. 木香1份、黄连3份，共研细末，成年兔每次内服0.5克，每天3次。

c. 内服大蒜汁、烤熟的老大蒜头或棉花的花（无有机磷毒的棉花自落花晒干研末），3～5克/只，每天2次。

②配合防腐制酵、收敛保护药。内服1%鞣酸溶液4～8毫升，每天2～3次；矽炭银，内服，每次1～2片；鞣酸蛋白0.25克，磺胺脒0.5克，小苏打0.5克，加入饲料中或内服，每天2次；药用炭或枣树皮灰，加入饲料中，任其采食。

③恢复期给予健胃药。人工盐0.5克，龙胆粉0.5克，小苏打0.3克，内服；内服酵母片1～2片。

④根据情况选用下列药物治疗。

a. 促菌生：内服，每只每天2～3片，连用3天。服用时应停止使用磺胺抗生素类药物。

b. 大黄苏打片：口服，每只每次1～2片，每天2次，连用3天。

c. 大黄藤素注射液：肌肉注射，2毫升/只，每天2次，连用3天。

d. 乳酶生：口服，每只每天 1 片，连用 3 天，适用于哺乳仔兔。

e. 穿心莲叶 10 克，银花 10 克，香附 10 克，水煎服。

f. 白头翁、黄连、银花、槐花各 2.5 克，水煎服，每天 2 次。

g. 鬼针草一把，山楂炭、石榴皮、地榆炭、莱菔子各 10 克，水煎服。

h. 马齿苋，黄瓜藤，鲜鸭跖草，海金沙叶，大青叶，车前草等作饲料喂。

此外，粪便黏稠而臭时，应清理胃肠内有害刺激物质后用收敛保护性药。对脱水严重，全身恶化者，可静注 10% 葡萄糖溶液 10～20 毫升，或皮下注射 5% 葡萄糖氯化钠溶液 30～50 毫升。

（2）便秘　排粪次数和排粪量减少叫便秘。

【病因】 引起肉兔发生便秘的原因，除伴有发热的传染性因素外，常见的病因主要是饲养管理不当和饲料因素所造成的。如长期饲喂干饲料，而饮水又不足或不及时，又无青绿饲料或供给不及时；饲料品质不良，难以消化，饲料中含有泥沙或混有兔毛；精粗饲料搭配不合理，精饲料偏多；饲喂不定时，缺乏清洁的饮水或运动不足；青饲料缺乏或饲料中钙、磷比例不当，矿物质饲料补充不足；过度贪食以及某些外科疾病引起的肠道粘连或肠蠕动减弱等，都可引起本病。此外，慢性肠炎、肠结石也能导致便秘。

【症状】 患兔食欲减退或废绝，肠音减弱或消失；初期排粪量减少，粪球小而干硬，以后则排粪停止；精神沉郁，腹部膨胀，尿呈红色；腹痛时，患兔常回头顾腹；触摸时，可感知大肠部位有干硬的粪球颗粒，并有明显的触痛。单纯便秘的患兔常无明显的体温变化，严重者可因粪便长期阻塞而导致自体中毒或因呼吸、心力衰竭而死亡。剖检时，在结肠和直肠内可见干硬的颗粒状粪球。

【防治】平时应注意青、粗、精饲料的合理搭配；饲喂要定时定量，防止饥饱不匀；供给充足的清洁饮水，适当增加运动和按摩腹部，增强胃肠蠕动，促进排粪。

治疗时应注意制酵和通便，常用药物如下：

①为了促进胃肠蠕动，排除积滞的内容物，可内服盐类泻剂，如硫酸钠或硫酸镁，每天每只2～5克，人工盐5克/只；油类泻剂，如植物油25毫升/只，蜂蜜10毫升，加水10毫升混合液，蓖麻油，成年兔15～18毫升，幼兔减半，加等量温水，给兔灌服；双醋酚汀，成年兔5毫克/次；果导，成年兔1片/次，每天3次；石蜡油15毫升，用胃管投服；40℃左右的温肥皂水30～40毫升，灌肠。

②防腐制酵，可内服10%鱼石脂溶液5～8毫升，或5%乳酸溶液3～5毫升。

③中药。大黄2克，枳实1克，厚朴1克，芒硝2克，煎汤待凉灌服或拌料服。

（3）胃肠臌气　俗称臌胀病，是引起家兔发生急性死亡的原因之一。

【病因】引起胃肠臌气的原因比较复杂，常见的原因是饲料和饲养管理因素所致。如兔采食了多量易发酵饲料（如麸皮）或多量易膨胀饲料（如豆科饲料），腐烂、霉败或冰冻的饲料，品质不良的青贮饲料等均易发病；饲料突然变换，造成贪食也可致病；此外，兔舍寒冷潮湿、阳光不足、缺乏运动以及胃肠本身的疾患，如胃肠有慢性炎症和胃肠蠕动迟缓等，也可成为胃肠臌气的诱因。

【症状】病兔食欲废绝，腹部渐次膨大，腹痛、鸣叫，触诊胃部为食物充满且有气体，肠内存在大量气体；有明显的呼吸困难症状表现，常蹲伏一隅不动，随着呼吸与循环机能障碍，则心动频速，可视黏膜发绀。

【防治】预防本病的方法是加强饲养管理，合理搭配饲料，不过多饲喂精饲料和易于发酵的饲料；适当增加光照和运动。治疗时可选用制酵和促进胃肠蠕动的药物。常用药物如下。

①内服植物油，每只每天10～15毫升，不仅能疏通肠管，而且对泡沫性臌气有破坏泡沫作用。

②及时应用制酵剂。

a. 大蒜（捣烂）6克、醋15～30毫升，一次内服。

b. 水杨酸苯酯0.3克，内服。

c. 醋30～60毫升，内服。

d. 姜酊2毫升，大黄酊1毫升，加温水适量，内服。

③肌肉注射10%安钠咖注射液，0.5毫升/只，可缓解心、肺机能障碍。

④石菖蒲、青木香、野山楂各6克，橘皮10克，神曲6克，加水煎服。

⑤十滴水3～5滴，加水内服。

必要时，可用注射器从肠管缓慢抽气。

（4）胃肠炎　胃肠道黏膜及其下层组织发生炎症，并引起一定程度的毒血症，称为胃肠炎。各种年龄的兔均可发生，幼兔发病后病死率高。

【病因】梅雨季节，兔舍潮湿，饲草被泥水沾污，饲草水分过多，往往引起胃肠炎的发生；幼兔断奶后，常因贪食过多而发生胃肠臌气，继而发生胃肠炎；饲喂腐败饲料、有毒植物、沾污有农药的饲草以及饲料异常分解物的刺激，再加上某些特异性病原微生物的参与，破坏胃壁深部组织，出现全身症状和自体中毒现象，引起中毒性胃肠炎。

【症状】初期，胃肠黏膜浅层轻度炎症，患兔表现食欲减退，消化不良，粪便带黏液；随着炎症的加剧，胃肠道内容物滞留，并产生异常发酵和腐败，导致胃肠道细菌的增殖并产生大量毒素；当有毒的分解产物和细菌产生的毒素被机体吸收后，造成严重的代谢障碍和消化紊乱，患兔拒食，精神沉郁，蹲伏不动，先短时间便秘，后拉稀，肠管臌气，听诊肠音响亮，叩诊腹部有击水音；排出黄白色带黏液粪便或胶样夹有粪球的稀便或绿色水样恶臭，肛门周围沾污稀粪，尿呈酸性乳白色；随后，炎症进一步加剧，产生大量的炎症渗出物，患兔严重下痢，大量失水而引起脱水，眼球下陷，迅速消瘦，皮温不均，体温先升高而后短时间内降至正常以下，血液浓缩，肌肉僵硬，尿量减少，若不及时治疗，很快死亡。

【病变】胃内充满食糜，黏膜脱落；盲肠灰褐色、透明、有气泡，肠系膜充血；有的肠内有胶冻样物，实质器官正常。

【防治】加强饲养管理，严禁饲喂腐败变质的饲料，根据气候变化，合理搭配青绿、多汁饲料，并可在精饲料中拌食母生、大黄苏打片 0.5 片，土霉素（出口禁用）50 毫克/只，每天 2 次预防；同时保持兔舍清洁干燥。

治疗以消炎、杀菌、健胃、补液、强心为主，采取综合疗法。

①肠炎引起脱水者，可通过口服补液盐，纠正脱水和电解质紊乱。口服补液盐配方：氯化钠 3.5 克，碳酸氢钠 2.5 克，氯化钾 1.5 克，葡萄糖 20 克，加凉开水 1 000 毫升，让兔自由饮用。

②痢菌净，口服每千克体重 3～5 毫克，或肌肉注射每千克体重 2.5 毫克，每天 2 次，3 天为一疗程。

③治疗细菌性肠炎，可内服磺胺脒和小苏打，每次每千克体重 0.10～0.15 克，每天 3 次；内服土霉素（出口禁用）粉，每千克体重 0.025 克或链霉素粉，每千克体重 0.01～0.02 克，或新霉素，每千克体重 0.025 克。

④饲料中加马齿苋、黄瓜藤、鲜鸭跖草、大青叶、蒲公英、紫花地丁饲喂。

⑤病情严重者，应静脉注射葡萄糖盐水 20～40 毫升，并配合四环素 0.125 克，一次耳静脉注射。

（5）消化不良

【病因】常因饲养没有规律性，突然更换适口性好的饲料，引起过量贪食，或吃了霉烂变质、不清洁、易发酵饲料或带露水、冰冻饲料等，使胃肠消化吸收机能减退，引起本病。刚断奶幼兔易发病。

【症状】食欲减退或废绝，精神委顿，粪便呈长条状或成堆，有难闻的酸臭气味。腹胀时，呼吸困难，蹲伏不动，叩诊鼓音，严重的可引起胃破裂；因霉变饲料而引起消化不良，将转化为胃肠型腹泻。

【防治】对刚断奶的幼兔，饲喂要定时定量，严禁饥饱不均，饲料应新鲜易消化，喂给五花草。发现病兔，禁食一次，供足饮水，增加运动。治疗时可选用下列药物。

①内服大黄苏打片或龙胆苏打片，1～1.5片/次，每天2～3次。

②鸡内金半个，研末内服或水煎服。

③内服5%乳酸3～5毫升，或萝卜汁50～100毫升。

④内服酵母片，麦芽粉也有效。

另外，对于腹泻者，可参考腹泻治疗药物进行对症治疗。

（6）吞食仔兔癖　是指母兔不只一次地在分娩后将仔兔吞食，这是一种新陈代谢紊乱和营养缺乏的综合征候群。

【病因】引起母兔吞食仔兔的原因比较复杂，但通常都与饲料和饲养因素有密切关系。如饲料中钙、磷和其他某些微量元素缺乏；某些蛋白质及其他营养物质供应不足；兔自身缺盐或食盐长期供给不足；母兔平时供给的青绿饲料和饮水不足，或产后口渴，而又不能立即饮水，在舔食仔兔体表胎液或吃食胎盘时将仔兔吞食；母兔在分娩时受惊扰或产仔箱或仔兔带有其他异味，或死亡的仔兔未及时取出，冰凉的死仔兔刺激母兔等原因引起母兔吞食仔兔。

【症状】母兔通常能足月妊娠并顺利产仔，但产后不久即将仔兔吞食，有时将全部仔兔吃光，有时吞食一部分仔兔，有时将仔兔的耳、脚咬去。这种现象可在同一母兔多次发生；临床上常无其他明显异常变化。

【诊断】诊断本病时应仔细分析病因，并注意鉴别诊断。钙、磷缺乏或比例不当时常常表现出精神委顿、食欲不振、骨质软化、骨骼变形；铜、铁元素缺乏时常伴有严重贫血、消瘦、运动障碍、痉挛或伴有被毛粗乱、流产、死胎等表现；维生素缺乏时可见生长缓慢、贫血消瘦、腹泻及死胎等。

【防治】确诊吞食仔兔的原因并及时加以去除。母兔怀孕期要特别加强饲养管理，日粮配合要营养全面，适当补充钙、磷等矿物质、微量元素和维生素，产前给予足够的温水喝，并填满水槽，产后能立即喝到温淡盐水。母兔分娩时应保持兔舍安静，防止外来干扰，产仔箱应清洁干燥，没有异味；及时剔除死兔。如果清除病因后，母兔仍吞食仔兔，就应淘汰。

（7）毛球病

【病因】家兔摄入皮毛的原因，一般认为有以下几种。

①饲养管理不当，如兔笼狭小，互相拥挤而吞食其他兔的绒毛；未及时清理脱落后掉在饲料内或垫草上的绒毛，被混食下去。

② 饲粮搭配不合理，营养不全面。如钠、钙、钴、铜、锰、铁、硫等矿物质不足；某些维生素（特别是维生素 A和 B族维生素）缺乏；某些蛋白质和氨基酸缺乏。研究证明，过度摄入皮毛可能与蛋氨酸和胱氨酸缺乏有关；长期饲喂低纤维日粮等均可造成家兔的吃毛现象。

③ 当患有皮炎和疥癣病时，家兔因发痒啃咬被毛而引起毛球病。

【症状】当家兔散发性地采食少量饲料，并且没有其他临床症状而又找不出营养不良的原因时，可怀疑皮毛阻塞。摄入的皮毛与胃内容物混合而形成不易通过幽门瓣的坚固毛球，或滞留在小肠内，造成肠阻塞。病兔表现食欲减退，便秘，渴欲增加，常伏卧，消瘦，胃体积膨胀，在胃部可能触诊到毛球。病程迁延，则因消化障碍，终致衰竭而死亡。

【防治】改进饲养管理，增加矿物质和富含维生素的青饲料，补充含蛋氨基酸较多的禾本科牧草、玉米和鱼粉等饲料，以及含胱氨酸较多的苜蓿、亚麻子饼、豌豆等饲料。日粮中补充氧化镁、氯化锌，可有效地预防毛球症。

治疗时可口服多酶片 4～5 片（每片 0.5 克），每天 1 次，连服 5～7 天，使毛球酶解；也可试着内服蛋氨酸（0.25 克/片）和胱氨酸（25 毫克/片）；早期发现可灌服植物油或矿物油，对清除毛球有效。

（四）普通病

（1）感冒　是家兔常见的呼吸道疾病，常因治疗不及时或护理不当而继发支气管炎或肺炎。

【病因】物理性致病因素是引起家兔发生感冒的最常见原因。如气候突然变化，冷热不均；家兔受贼风或穿堂风的侵袭；运输途中被雨水淋湿以及兔舍潮湿阴冷、通风不良、室内氨气含量过高和烟尘的刺激等均可诱发感冒。感冒时肉兔抵抗力降低，某些病原微生物趁机侵入而使病情恶化，继发气管炎和肺炎。

【症状】感冒时，肉兔全身症状比较轻微，主要表现呼吸道症状。病兔咳嗽，打喷嚏，流鼻涕，初为浆液性，后变为黏液性、脓性；精神不振，食欲减退，常呆立或躺卧不动，眼无神且呈水汪状；重者体温升高到 40℃以上，呼吸困难，易继发气管炎或肺炎。

【防治】注意春、冬季节兔舍的通风保暖。治疗时可选用下列药物。

①复方氨基比林注射液 2～4 毫升，青霉素 10 万～20 万国际单位混合肌注。

②银柴胡注射液，肌肉注射，1～2 毫升/只，每天 2 次，连

用2～3天。

③内服克感敏片或复方阿司匹林（APC）片，每天3次，每次0.5～1片，幼兔酌减。

④清热解表的中成药，如桑菊片、银翘散、大青叶冲剂、感冒清等。

⑤防止继发感染可根据情况选用抗生素或磺胺类药物。

另外，若感冒带有流行性质时，应迅速隔离治疗，以防蔓延。

（2）支气管肺炎　多发生于初春或秋末冬初气温变化较大的季节，主要指家兔支气管黏膜和肺部炎症。

【病因】引起家兔发生感冒的各种原因均可成为支气管肺炎的病因。如气候剧变、淋雨受寒、贼风侵袭、兔舍通风不良等。饲养管理不善、人工哺乳或口服药物方法不当均可引起异物性肺炎。本病常伴有病原微生物的感染，如巴氏杆菌、波氏杆菌及某些病毒等。

【症状】患兔体温升高（40～41℃），精神委顿，食欲废绝；因支气管黏膜和肺泡壁充血、肿胀而出现疼痛性咳嗽，呼吸困难且带有湿性啰音，从鼻孔流出浆液性、黏液性、化脓性鼻涕；口鼻呈深紫色，呼吸次数增加，呼吸明显用力，若不及时治疗，可在1～4天内死亡。

死后的剖检变化主要在呼吸系统，可见咽喉红肿，气管和支气管内有多量血样泡沫，肺充血、肿胀，质地较坚实，色泽暗红或呈大理石状，病变组织沉于水底。若为异物性肺炎，可见肺中有未吸收的药液或乳汁，有的发生化脓、组织坏死或形成脓肿。

【防治】治疗本病时，首先考虑选用抗菌消炎药物，其次选用缓解症状的药物。常用治疗方法如下。

①肌肉注射青霉素、链霉素各10万国际单位/只，每天2～3次，连用2～3天。

②肌肉注射5%磺胺噻唑注射液，成年兔2毫升，幼兔1

毫升。

③肌肉或静脉注射20%磺胺嘧啶钠，2毫升/只，每天2次，连用3天。

④内服磺胺嘧啶，0.5克/只，每天2次，连用3天，同时配合使用等量的苏打片。

⑤肌肉注射庆大霉素2毫升/只，或卡那霉素10万国际单位/只，每天2次，连用3天。

⑥肌肉注射大黄藤素注射液，2毫升/只，每天2次，连用3天。

⑦咳嗽明显者可口服氯化铵0.1～0.2克，每天2次，连用3天。

⑧全身症状严重和食欲废绝者可静脉注射20%葡萄糖注射液20～30毫升，维生素C 100毫克，每天或隔日1次。

⑨内服中药健兔散，白头翁3份、厚朴3份、枳实2份、砂仁1份，研末内服。

⑩威灵仙根10克，鱼腥草15克，加水煎服。

（3）乳房炎　兔的乳房炎以乳房颜色变蓝为特征，故又称蓝乳房病。本病主要发生于泌乳期。

【病因】本病通常发生于产后5～20日的泌乳母兔。母兔分娩前后喂给大量精饲料，使乳汁过多、过稠，或因仔兔死亡或过弱不能将乳房中的乳汁吸完，引起乳房肿胀发炎；有的则因泌乳不足，仔兔吮乳时咬破乳头或被不合格兔箱、兔笼中的尖锐物件损伤乳房，被葡萄球菌和链球菌等病原微生物侵入而发生感染。

【症状】根据感染的严重程度可分为败血型、普通型、化脓型三个病型。

①败血型。乳房局部红肿、疼痛，温度升高，继则患部皮肤呈蓝色，并迅速蔓延到所有乳房；体温升高至40℃以上，精神沉郁，食欲废绝，饮欲增加，拒绝哺乳，常在2～3天内死于败血症。

②普通型。一般仅局限于一个或数个乳房，乳头焦干，乳房红肿充血，皮肤紧张发亮，触之有灼热感，母兔拒绝哺乳。

③化脓型。一般在乳房炎发生后不久，在乳房附近皮下可摸到栗子样的结节，结节软化形成脓肿；患兔精神不振，食欲减退，体温达 40℃以上，拒绝哺乳。

【防治】保持兔笼、兔箱和运动场的清洁卫生，定期消毒；清除兔舍、兔笼及环境中的尖锐杂物，防止损伤乳房及附近皮肤；母兔在分娩前、后要适当减少精饲料和多汁饲料，以防乳汁分泌过多，造成乳汁在乳房内蓄积过多；另外，母兔产仔后，要经常检查仔兔数目和泌乳情况，适当调整母兔所哺喂的仔兔数。

发生乳房炎后应立即将母兔隔离治疗，仔兔给其他母兔带养。治疗方法如下。

①病的初期可挤出乳房中的乳汁，患部用冷毛巾敷盖；如不能消散则改用硫酸镁温湿毛巾热敷，并涂以鱼石脂软膏或氧化锌软膏。

②已形成脓肿的必须切开脓疱排脓，同时肌肉注射青霉素，每千克体重 10 万国际单位，每天 2 次，连用 3～5 天。

③用青霉素普鲁卡因混合液（青霉素 3 万～5 万国际单位、0.25%普鲁卡因溶液 30～50 毫升）在患部周围分成 4～6 点，皮下封闭，隔 1～2 天再封闭 1 次，连续 2～3 次即可。

④内服磺胺噻唑，每千克体重 0.1 克，加入等量小苏打，每天 2 次。

⑤中药疗法。蒲公英或羊蹄草当饲草或捣汁涂患处；仙鹤草、蒲公英、金银花、丝瓜络、连翘各 9 克，加水煎服，连服 3～5 天；内服鹿角粉 1.5 克/次。

（4）结膜炎

【病因】结膜炎是指眼睑结膜、眼球结膜的炎症。主要原因是灰尘、泥沙等落入眼内；烟、氨、沼气、石灰等化学性刺激；机械性损伤等。兔巴氏杆菌病和维生素 A 缺乏等疾病，也有结膜炎的症状。

【症状】结膜炎根据分泌物的性质分为卡他性结膜炎和化脓性结膜炎。病初一般表现卡他性结膜炎，眼睑黏膜潮红、肿胀、流泪、怕光，眼睑半闭，眼睑和两颊皮肤由于泪水经常刺激而发炎，该部绒毛脱落。如不及时治疗，则继发为化脓性结膜炎，眼睑黏膜严重充血、肿胀，眼睑变厚；从眼中流出的白色黏液性眼垢，常将上下眼睑黏合在一起；严重者可发生角膜混浊，甚至溃烂失明。

【防治】保持兔笼、兔舍的清洁，防止尘埃、污物、异物对眼睛的侵害，经常喂给含维生素A较多的饲料，如胡萝卜、青干草、南瓜、黄玉米等。治疗方法如下。

①先用无刺激性的防腐、消毒、收敛药液清洗患眼，如2%～3%的硼酸溶液、0.01%呋喃西林溶液、0.01%新洁尔灭溶液等。

②选用抗菌消炎药物滴眼或涂敷，如10%磺胺醋酰钠溶液、0.6%黄连素眼药水、1%氯霉素眼膏、0.5%氢化可的松眼药水等。

③如发生角膜混浊，可用可的松、青霉素、普鲁卡因在球结膜或眼结膜下注射；或涂敷1%黄氧化汞软膏，或甘汞和葡萄糖等量的粉剂。分泌物过多时，可应用0.25%硫酸锌眼药水点眼。

④中药疗法，可选用野菊花煎汤，取澄清液洗眼、点眼；紫花地丁捣烂取汁点眼；蒲公英3～5克煎汁，头煎内服，二煎洗眼；紫花地丁、鸭跖草，加水煎服。

(5) 溃疡性脚皮炎　指的是跖骨部的底面，有时还有掌骨指骨部的侧面所发生的损伤性溃疡性皮炎。

【病因】是由于兔体对兔笼铁丝板的压迫所引起的脚皮压迫性坏死或创伤性炎症。在环境过度潮湿，铁丝笼底粗糙不平，缺乏缓冲的情况下，由于兔易兴奋，并惯于频繁地跺脚，而脚垫上皮毛又较薄，常易导致患溃疡性脚皮炎。

【症状】在跖骨部底面或掌指骨部侧面皮肤上覆盖干燥硬痂或有大小不等的局限性溃疡，若继发细菌性感染，则在痂皮下可发生脓肿；病兔畏痛，四肢频频交换支撑躯体，拱背，呈踩高跷步态；厌食，体重减轻。

【防治】保持兔笼（箱）的清洁、干燥，兔笼（箱）设计要合理，底网平整，兔笼底踏板最好用竹板。

治疗时应先用防腐剂（如0.2%醋酸铝溶液）冲洗，清除坏死组织；然后涂布10%碘仿软膏、15%氧化锌软膏和抗菌素软膏；当溃疡开始愈合时，可涂布5%龙胆紫溶液。也可在病初用橡皮膏围着病灶做重复缠绕，然后用手轻轻握压，压实重叠橡皮软膏，不做任何处理，由于橡皮软膏具有保护、抑菌和湿润结痂的作用，一般20～30天可自愈。

(6) 佝偻病　是仔兔较易发生的一种营养代谢疾病。

【病因】由于饲料中钙或磷缺乏或钙、磷比例不当，造成体内钙、磷不平衡状态，这时如存在维生素D不足现象，就容易引起幼畜的佝偻病。据测定，家兔对钙和磷的最小需要量都为日粮的0.22%，钙、磷比例为1∶1～1.5，日粮中钙磷含量过少或比例不当即可导致家兔发生佝偻病。给兔饲喂磷高而相应钙低的日粮（Ca∶P=0.5），可引起甲状旁腺肥大和增生，造成血清中甲状旁腺激素增多，且维持时间长达两年半；而日粮中钙水平过高（达0.45%～1.5%）对母兔的生殖性能可产生较为显著的影响。

维生素D可促进钙在肠管中的吸收，并能调节钙磷在骨组织的沉积，而光照对维生素D的代谢转化和活化起着重要作用。因此，维生素D缺乏或光照不足时，也可引起钙磷代谢障碍而发生佝偻病。

饲料单一，饲料或饮水中pH偏低，以及腹泻、慢性发热、炎性渗出及某些寄生虫病也可引起钙磷代谢障碍。

【症状】佝偻病患兔常表现为腹部膨隆，肌肉无力，以及肋骨的肋软骨接合处与四肢骨骨垢增大而造成的胸骨和四肢骨畸形；消瘦，眼球无光，被毛粗乱，食欲时好时坏，时有舔食被毛或其他异物的现象；血清中碱性磷酸酶升高，血浆钙降低；随着日粮中钙含量的降低，病兔可能出现强直性痉挛；个别兔可见到眼球晶状体混浊及肋骨和四肢不明原因的骨折。

【防治】加强对母兔和仔兔的饲养管理，对哺乳母兔和幼兔应按维生素D的需要量，给予合理补充；注意饲料的多样化及日粮中钙磷含量及钙磷比例的合理平衡；要加喂骨粉、蛋壳粉、贝壳粉、鱼粉等矿物质成分；冬季饲养期间要适当增加日光照射，以促进钙磷的吸收利用。

对发生佝偻病的贵重种兔可选用下列药物治疗。

①维生素A、维生素D注射液，肌肉注射，每只每天0.5～1毫升，连用3～5天。

②口服鱼肝油，每天每只1～2毫升。同时配合内服磷酸钙1克，乳酸钙0.5～2克。

（7）妊娠毒血症　是母兔在怀孕后期的一种致死性代谢性疾病。

【病因】许多因素可影响本病的发生，如品种、年龄、肥胖、经产以及环境的变化均可导致内分泌机能失调，脑垂体机能异常，从而引起生殖机能障碍、子宫肿瘤和妊娠毒血症。妊娠期间，胎儿迅速生长，母兔葡萄糖的消耗较多，如果来自饲料中的葡萄糖溶液浓度低于临界水平，造成大脑葡萄糖供应不足，从而出现妊娠毒血症的病状。

【症状】症状表现差别较大，轻者几乎无症状，重者可迅速死亡。一般表现精神沉郁，呼吸困难，尿量减少，重者呼出气体带有酮味；有时产前发生流产，共济失调，惊厥和昏迷。轻度和中度病例能够恢复。

【防治】在妊娠后期供给含有丰富蛋白质和碳水化合物的饲料，并尽量避免饲料的变更和其他的应激因素，以及在饲料中预防性地应用葡萄糖均有利于预防妊娠毒血症的发生。

由于本病发病迅速，往往因原因不明而无法采取治疗措施。病初可内服甘油或静脉注射葡萄糖溶液，同时，使用可的松类药物调节内分泌功能，可促使本病的好转。

（8）不孕症

【病因】 母兔不孕的主要原因为母兔患有各种生殖器官疾病，如子宫炎、阴道炎、卵巢肿瘤以及葡萄球菌病、李氏杆菌病、兔梅毒等。母兔过肥、过瘦；饲料中蛋白质含量低或质量差，缺乏维生素 E；母兔换毛期或内分泌机能障碍；公兔生殖器官疾病，精液品质差或无精子；也会造成母兔不孕。

【治疗】

①避免长期处于高温环境，如有可能，种兔群可用冷气通风。

②控制营养，避免过肥、过瘦。

③保证每天光照 12～14 小时，短日照期间，可补充人工光照，配种前 5～10 天补充维生素 E。

④对屡配不孕及患有生殖器官疾病的母兔一般应予以淘汰。

⑤母兔如因卵巢机能降低，可试用激素治疗。皮下或肌肉注射（FSH），0.6 毫升/次，用 4 毫升生理盐水溶解，每天 2 次，连续 3 天，第四天早晨母兔发情后，再耳静脉注入 2.5 毫克促黄体素（LH），注射后立即配种。注意剂量准确，剂量过大会降低效果。

（9）有机磷中毒　有机磷是目前效能高、种类多、应用广泛的一类农药，也是在我国引起家兔中毒的最常见的农药。

【症状】 有机磷进入体内后，主要抑制胆碱酯酶的活性，使乙酰胆碱在组织中过多蓄积而引起中毒。中毒症状是流涎、流泪、腹痛、腹泻、兴奋不安、抽搐痉挛、瞳孔缩小、呼吸心跳加快和呼吸困难等，病死率较高。

【诊断】 主要依据发病史、临床症状和剖检变化。另外，大多数有机磷药都有特异检测方法。

【治疗】有机磷农药中毒的急救方法是：

① 用阿托品消除乙酰胆碱积聚引起的症状，以流涎停止和瞳孔放大为标准。用量为0.5～5毫克，若重新出现症状，过1～2小时再用药一次。

② 用解磷定或氯磷定恢复胆碱酯酶的活性，成年兔用0.5克解磷定，2毫升维生素C加5%葡萄糖生理盐水40毫升静脉注射。

③ 一般解毒药，静脉注射20%葡萄糖注射液，每天每只20～50毫升，同时配以100毫克维生素C。

（10）亚硝酸盐中毒　青绿多汁饲料如牛皮菜、天星苋、白菜叶、玉米苗和高粱苗中含有大量硝酸盐，在一定条件下，可转化成亚硝酸盐，家兔采食后即可引起中毒。

【症状】中毒症状表现与采食量有密切关系。大多数病例呈急性经过，病程短且病死率高。典型临床症状是流涎、呕吐、口鼻四肢青紫，呼吸次数增加，肌肉震颤，全身冷厥，可因窒息而引起死亡。

【诊断与治疗】本病有特异的毒物检测方法，但应注意与氢氰酸中毒相区别。

治疗本病的特效药是亚甲蓝注射液，用35毫升1%浓度的亚甲蓝注射液加适量20%葡萄糖溶液，一次静脉注射或分点肌肉注射，严重者可间隔数小时后重复用药一次。另外，也可采用甲苯胺蓝（用法用量同亚甲蓝）和皮下注射阿托品。

（11）产后瘫痪

【病因】产前缺乏足够的运动和阳光照射，兔舍长期潮湿，饲料中钙、磷缺乏；产仔窝次过密，哺育仔兔过多，体力消耗过大；受惊吓或饲料中毒等均可引起产后瘫痪。母兔患球虫病、梅毒病、子宫炎、肾炎等病也可引起产后瘫痪。

【症状】轻者食欲减退，重者食欲废绝，便秘，小便减少或不通；产仔后轻者跛行，重者四肢或后肢突然麻痹不能自主，有的同时子宫脱出，流血过多而死亡。

【防治】注意兔舍卫生，保持干燥；对妊娠母兔供给充足的钙、磷等矿物质和维生素，并加强运动。对患兔可采取以下治疗措施。

①按摩患兔麻痹的肢体，舒经活络。

②每隔 2～3 小时直肠灌注温热的食糖溶液 10～30 毫升；或内服蜂蜜 3～5 毫升，每天 1 次。

③静脉注射葡萄糖酸钙 5～10 毫升，每天 1 次，病初时连用 3～5 天有效。或肌肉注射维丁胶钙 1～2 毫升。

（12）阴道炎

【病因】母兔在配种和分娩时发生创伤，同时被金黄色葡萄球菌和链球菌等病原微生物感染而引起阴道炎。

【症状】母兔外阴和阴道发生充血、红肿、疼痛、瘙痒；阴道外翻，流出多量白色黏液、脓汁，有时混有少量血液，有恶臭味，不愿接受配种。严重者可见精神沉郁、食欲减退，体温升高等全身症状。

【防治】应做好清洁卫生工作，兔笼和巢箱要定期消毒，及时去除尖锐异物。治疗措施如下。

①局部用 0.1％高锰酸钾溶液或 0.1％新洁尔灭或 1％食盐水冲洗外阴，每天 1 次，直至痊愈。

②局部有化脓和感染者，可用弱消毒溶液冲洗后再涂抹碘甘油或魏氏流膏。

③全身症状明显者可用磺胺类、抗生素类药物加以治疗。

附　录

附表 1　肉兔的正常生理生化指标

项　　目	平均值	范　　围
体温（℃）	38.9	38.5～39.7
呼吸（次/分）	60	50～70
心率（次/分）	120	100～140
血量（占体重%）	8.7	7～10
红细胞（百万/毫米^3）	5.4	4.5～7.0
白细胞（个/毫米^3）	8.9	5.2～12.0
嗜中性白细胞（%）	41.8	10.0～84.5
嗜碱性白细胞（%）	2.29	2～11
嗜酸性白细胞（%）	0.53	0.3～3.5
淋巴细胞（%）	42.2	15.0～75.5
单核细胞（%）	0.68	0.3～1.3
血小板（个/毫米^3）	323	270～680
血液氢离子浓度（nmol/L）	50.12	25.12～63.09
凝血时间（分，25℃条件下）	4	3～5
总血蛋白量（%）	7.2	6.0～8.3
血清白蛋白（%）	4.5	4.1～5.2
血清球蛋白（%）	2.7	1.9～3.6
每昼夜尿量（毫升）	65	40～100
尿液氢离子浓度（nmol/L）	10	1～100

附表 2　肉兔饲料成分及营养价值表

项目 / 饲料	化学成分（%）									氨基酸（%）				
	干物质	粗蛋白质	粗脂肪	粗纤维	无氮浸出物	粗灰分	钙	总磷	有效磷	赖氨酸	蛋氨酸＋胱氨酸	苏氨酸	异亮氨酸	色氨酸
一、青绿饲料														
大白菜（小白口）	4.4	1.1	0.2	0.4	2.1	0.6	0.06	0.04	0.01	0.03	0.02	0.02	0.02	—
大白菜（大青口）	4.6	1.1	0.2	0.4	2.4	0.5	0.04	0.04	0.01	—	—	—	—	—
甘蓝（洋白菜）	5.6	1.1	0.2	0.5	3.4	0.4	0.03	0.02	0.01	0.04	微	0.04	0.04	0.01
甘薯藤（平均值）	13.0	2.1	0.5	2.5	6.2	1.7	0.20	0.03	0.01	0.07	0.03	0.06	0.06	—
红花苕子（现蕾期）	6.8	2.2	0.3	0.8	3.0	0.5	—	—	—	—	—	—	—	—
红花苕子（初花期）	9.8	2.8	0.5	1.3	4.4	0.8	—	—	—	—	—	—	—	—
红花苕子（盛花期）	11.0	2.4	0.6	2.9	4.1	1.0	—	—	—	0.18	0.05	0.06	0.06	0.01
胡萝卜秧（平均值）	12.0	2.2	0.6	2.2	5.1	1.0	0.38	0.05	0.02	0.06	0.04	0.07	0.07	0.02
萝卜秧	7.6	2.4	0.2	1.1	2.3	1.6	0.23	0.07	0.02	0.06	0.06	0.05	0.05	0.12
聚合草	11.2	3.7	0.3	1.6	3.6	2.0	0.23	0.26	0.08	0.16	0.12	0.15	0.17	0.05
苦荬菜	15.0	4.0	1.0	1.6	6.2	2.2	0.29	0.06	0.02	0.12	0.06	0.13	0.13	0.03
苜蓿（北京）	29.2	5.3	0.4	10.7	10.2	2.6	0.49	0.09	0.03	0.18	0.12	0.15	0.10	—
黄花苜蓿（花前期）	14.2	3.7	0.8	2.6	5.9	1.2	0.13	0.03	0.01	0.16	0.05	0.12	0.12	0.04
黄花苜蓿（现蕾期）	13.9	3.1	1.0	2.7	5.9	1.2	0.13	0.05	0.02	—	—	—	—	—
黄花苜蓿（盛花期）	13.9	3.7	0.6	2.9	5.4	1.3	0.18	0.02	0.01	0.17	0.07	0.13	0.13	0.03
三叶草	13.9	2.2	0.7	3.3	6.2	1.5	—	—	—	0.11	0.03	0.10	0.10	0.03
水浮莲	4.5	1.0	0.1	0.6	1.4	1.4	0.28	0.03	0.01	0.05	0.05	0.05	0.04	0.01
水葫芦	5.0	0.7	0.2	1.0	2.4	0.7	0.07	0.01	微	0.03	0.03	0.03	0.02	0.01

（续）

饲料 \ 项目	化学成分（%）									氨基酸（%）				
	干物质	粗蛋白质	粗脂肪	粗纤维	无氮浸出物	粗灰分	钙	总磷	有效磷	赖氨酸	蛋氨酸＋胱氨酸	苏氨酸	异亮氨酸	色氨酸
水花生	6.0	1.1	0.1	1.1	2.8	0.9	0.80	0.02	0.01	0.03	0.01	0.02	0.02	0.01
浮萍	5.0	1.1	0.2	0.9	1.7	1.1	0.07	微	微	0.05	0.05	0.07	0.06	0.02
甜菜叶	6.7	1.8	0.2	0.8	2.1	1.8	0.10	微	微	0.01	0.01	0.01	微	0.01
紫云英	13.0	2.9	0.7	2.5	5.6	1.3	1.18	0.07	0.02	0.13	0.05	0.13	0.13	0.04
青割大麦	15.7	2.0	0.5	4.7	6.9	1.6	—	—	—	—	—	—	—	—
野青草	25.3	1.7	0.7	7.1	13.2	2.5	—	0.12	—	—	—	—	—	—
青割玉米（未抽穗）	12.8	1.2	0.4	4.2	6.0	1.0	0.08	0.06	0.02	—	—	—	—	—
青割玉米（抽穗期）	17.6	1.5	0.4	5.8	8.8	1.1	0.09	0.05	0.02	0.09	0.05	0.11	0.05	0.03
青割玉米（有玉丝穗）	12.9	1.1	0.3	4.4	5.9	1.2	0.04	0.03	0.01	—	—	—	—	—
二、树叶类														
榆树叶	88.0	15.5	7.8	7.3	45.4	12.0	—	—	—	0.89	0.24	0.76	0.65	—
紫穗槐叶	88.0	15.0	2.9	11.4	49.3	9.4	—	—	—	—	—	—	—	—
槐叶	88.0	18.8	3.2	10.6	44.9	10.6	1.14	0.18	0.06	—	—	—	—	—
槐叶粉	88.1	18.4	2.6	9.5	42.4	15.2	1.37	0.21	0.07	0.84	0.27	0.78	0.27	—
三、青贮饲料														
白菜青贮	10.9	2.0	0.2	2.3	3.5	2.9	0.29	0.07	0.02	—	—	—	—	—
花生秧青贮	35.1	3.7	0.6	10.9	14.2	5.7	—	—	—	—	—	—	—	—
胡萝卜青贮	23.6	2.1	0.5	4.4	10.1	6.5	0.25	0.03	0.01	—	—	—	—	—

(续)

项目 / 饲料	化学成分(%)									氨基酸(%)				
	干物质	粗蛋白质	粗脂肪	粗纤维	无氮浸出物	粗灰分	钙	总磷	有效磷	赖氨酸	蛋氨酸+胱氨酸	苏氨酸	异亮氨酸	色氨酸
玉米青贮	22.7	1.6	0.6	6.9	11.6	2.0	0.10	0.06	0.02	—	—	—	—	—
甜菜青贮	11.5	1.3	0.5	2.2	5.1	2.4	0.12	0.03	0.01	0.03	—	—	0.29	—
甘薯青贮	18.3	1.7	1.1	4.5	7.3	3.7	—	—	—	—	—	—	—	—
冬大麦青贮	22.2	2.6	0.7	6.6	9.5	2.8	0.05	0.03	0.01	—	—	—	—	—
四、块根块茎瓜果类														
甘薯(平均值)	25.0	1.0	0.3	0.9	22.0	0.8	0.13	0.05	0.02	—	—	—	—	—
胡萝卜(平均值)	12.0	1.1	0.3	1.2	8.4	1.0	0.15	0.09	0.03	0.02	0.02	0.02	0.02	0.01
萝卜(平均值)	7.0	0.9	0.1	0.7	4.5	0.8	0.05	0.03	0.01	0.04	0.03	—	0.02	0.01
马铃薯(平均值)	22.0	1.6	0.1	0.7	18.7	0.9	0.02	0.03	0.01	0.10	0.05	0.07	0.08	0.03
南瓜(平均值)	10.0	1.0	0.3	1.2	6.8	0.7	0.04	0.02	0.01	0.03	0.04	0.03	0.03	0.01
甜菜(平均值)	15.0	2.0	0.4	1.7	7.1	1.8	0.06	0.04	0.01	0.05	0.02	0.03	0.04	0.01
芜菁甘蓝	10.0	1.0	0.2	1.3	6.7	0.8	0.06	0.02	0.01	0.04	0.14	—	0.06	—
木薯粉	87.2	3.8	0.2	2.8	78.4	2.0	0.16	0.08	0.02	0.09	0.06	0.07	0.07	0.02
五、干草类														
苜蓿干草(上等)	86.1	15.8	1.5	25.0	36.5	7.3	2.08	0.25	0.08	0.87	0.30	0.69	0.69	—
苜蓿干草(中等)	90.0	15.2	1.0	37.9	27.8	8.2	1.43	0.24	0.07	—	—	—	—	—
苜蓿干草(下等)	8.87	11.6	1.2	43.3	25.0	7.6	1.24	0.39	0.12	0.18	—	0.17	0.26	—
秋白草	8.52	6.8	1.1	27.5	40.1	9.7	0.41	0.31	0.09	0.25	0.14	0.47	0.18	—

（续）

饲料 \ 项目	化学成分（%）									氨基酸（%）				
	干物质	粗蛋白质	粗脂肪	粗纤维	无氮浸出物	粗灰分	钙	总磷	有效磷	赖氨酸	蛋氨酸+胱氨酸	苏氨酸	异亮氨酸	色氨酸
野干草	90.8	2.9	1.1	34.3	43.9	8.6	0.50	0.10	0.03	—	—	—	—	—
紫云英（初花期）	90.8	25.8	4.6	11.8	41.0	7.6	—	—	—	—	—	—	—	—
紫云英（盛花期）	88.0	22.3	4.8	19.5	33.6	7.6	—	—	—	—	—	—	—	—
紫云英（结实期）	90.8	19.4	5.0	20.0	38.2	7.9	—	—	—	—	—	—	—	—
六、农副产品														
稻草（晚稻）	89.4	2.5	1.7	24.1	48.8	12.3	0.07	0.05	0.02	—	—	—	—	—
稻草（早稻）	85.0	2.9	2.2	21.4	46.8	11.7	0.09	0.01	0.01	0.07	—	0.07	0.04	0.02
甘薯蔓（干，山东，平均值）	90.0	7.6	2.9	30.7	39.5	9.3	1.63	0.08	0.02	0.27	0.15	0.27	0.23	—
甘薯蔓（干，平均值）	88.0	8.1	2.7	28.5	39.0	9.7	1.55	0.11	0.03	—	—	—	—	—
小麦秸	91.6	2.8	1.2	40.9	41.5	5.2	0.26	0.03	0.01	0.12	0.20	0.11	0.13	—
玉米秸（平均值）	90.0	5.9	0.9	24.9	50.2	8.1	—	—	—	—	—	—	—	—
谷草	90.7	4.5	1.2	32.6	44.2	8.2	0.34	0.03	0.01	0.17	—	0.15	0.19	—
七、谷实类														
玉米（白）	88.2	7.8	3.4	2.1	73.5	1.4	0.02	0.36	0.11	0.25	0.12	0.28	—	—
玉米（黄）	88.0	8.5	4.3	1.3	72.2	1.7	0.02	0.21	0.06	0.20	0.33	0.30	—	—
玉米（平均值）	88.4	8.6	3.5	2.0	72.9	1.4	0.08	0.21	0.06	0.27	0.31	0.31	0.29	0.08
高粱（杂交）	88.4	8.0	1.4	2.4	75.1	1.5	0.12	0.34	0.10	—	—	—	—	—
高粱（小粒）	88.6	6.9	2.8	2.0	69.3	5.0	0.09	0.20	0.06	0.20	0.33	0.24	0.28	—
高粱（平均值）	89.3	8.7	3.3	2.2	72.9	2.2	0.03	0.28	0.08	0.22	0.20	0.25	0.24	0.08

（续）

项目 / 饲料	化学成分（%）									氨基酸（%）				
	干物质	粗蛋白质	粗脂肪	粗纤维	无氮浸出物	粗灰分	钙	总磷	有效磷	赖氨酸	蛋氨酸+胱氨酸	苏氨酸	异亮氨酸	色氨酸
小麦（加拿大进口）	90.0	11.6	1.4	0.8	74.6	1.6	0.03	—	—	0.35	0.51	0.39	0.39	—
小麦（平均值）	91.8	12.1	1.8	2.4	73.2	2.3	0.07	0.36	0.12	0.33	0.44	0.34	0.46	0.14
大麦（甘肃，平均值）	87.0	11.4	0.6	1.5	71.5	2.0	—	—	—	—	—	—	—	—
大麦（2号米）	87.2	10.0	2.2	5.0	69.6	2.4	0.05	0.35	0.11	0.37	0.48	0.36	0.41	—
大麦（平均值）	88.8	10.8	2.0	4.7	68.1	3.2	0.12	0.29	0.03	0.37	0.35	0.36	0.37	0.10
燕麦（河北）	93.5	11.7	6.9	10.1	61.0	3.8	0.15	0.43	0.13	—	—	—	—	—
燕麦（平均值）	90.3	11.6	5.2	8.9	60.7	3.9	0.15	0.33	0.10	0.40	0.37	0.47	0.43	0.15
稻谷（早稻）	87.0	9.1	2.4	8.9	61.2	5.4	—	—	—	0.32	0.27	0.28	0.32	—
稻谷（中稻）	90.3	6.8	1.9	11.1	65.4	5.1	—	—	—	0.27	0.27	0.24	0.25	0.07
稻谷（平均值）	90.6	8.3	1.5	9.5	67.5	4.8	0.13	0.28	0.08	0.31	0.22	0.28	0.23	0.09
大米（籼稻，平均值）	87.5	8.5	1.6	0.8	75.4	1.2	0.06	0.21	0.06	0.27	0.27	0.24	0.36	—
糙大米（平均值）	87.0	8.8	2.0	0.7	74.2	1.3	0.04	0.25	0.08	0.29	0.28	0.28	0.30	0.12
碎米（平均值）	88.0	8.8	2.2	1.1	74.3	1.6	0.04	0.23	0.07	0.34	0.36	0.29	0.32	0.12
荞麦（甜）	89.5	9.4	2.2	8.3	66.3	2.1	—	—	—	0.58	0.33	0.36	0.30	—
荞麦（苦，带壳）	86.2	7.3	2.0	15.2	60.1	1.6	0.02	0.30	0.09	—	—	—	—	—
荞麦（平均值）	87.1	9.9	2.8	11.5	60.7	2.7	0.09	0.30	0.09	0.54	0.33	0.34	0.35	—
小米（平均值）	86.8	8.9	2.7	1.3	72.5	1.4	0.05	0.33	0.09	0.15	0.47	0.34	0.42	0.20
小黑麦（贵州）	88.4	11.7	1.8	2.2	71.0	1.7	0.07	0.49	0.15	—	—	—	—	—
粟（谷子，平均值）	81.9	9.7	2.6	7.4	67.1	5.1	0.06	0.26	0.08	0.18	0.40	0.30	0.16	0.17

（续）

项目 饲料	化学成分（%）									氨基酸（%）				
	干物质	粗蛋白质	粗脂肪	粗纤维	无氮浸出物	粗灰分	钙	总磷	有效磷	赖氨酸	蛋氨酸+胱氨酸	苏氨酸	异亮氨酸	色氨酸
青稞	88.0	12.0	1.8	2.5	69.4	2.1	0.08	0.31	0.09	0.47	0.35	0.48	0.49	0.13
八、糠麸类														
米糠	89.1	10.6	10.6	6.5	55.3	6.1	0.10	1.50	0.45	0.56	0.28	0.52	0.38	0.13
米糠（平均值）	90.2	12.1	15.5	9.2	43.4	10.1	0.14	1.04	0.33	0.56	0.45	0.46	0.45	0.16
小麦麸（平均值）	88.6	14.4	3.7	9.2	56.2	5.1	0.18	0.78	0.23	0.47	0.48	0.45	0.37	0.23
小麦麸（七二）	88.0	14.2	3.1	7.3	60.2	5.0	0.12	0.85	0.26	0.54	0.47	0.51	0.44	0.27
小麦麸（八四）	88.0	15.4	2.0	8.2	58.0	4.4	0.14	1.06	0.32	0.54	0.48	0.54	0.46	0.27
玉米皮	8.79	10.1	4.9	13.8	57.0	2.1	0.03	0.17	0.05	0.04	0.32	0.15	0.47	2.19
九、豆类														
蚕豆（平均值）	88.0	24.9	14.0	7.5	50.9	3.3	0.15	0.10	0.12	1.66	0.64	0.94	1.01	0.21
大豆（北京）	90.2	40.0	16.3	6.3	23.1	4.5	0.28	0.61	0.18	2.51	0.90	1.58	1.79	0.52
大豆（吉林）	90.0	36.5	18.5	4.6	26.2	4.2	0.05	0.42	0.12	2.51	0.92	1.48	2.30	—
大豆（次）	90.8	31.7	13.4	12.7	23.2	3.8	0.81	0.48	0.15	2.22	0.92	1.41	1.68	—
大豆（平均值）	88.0	37.0	16.2	5.1	25.1	4.6	0.27	0.48	0.14	2.30	0.95	1.41	1.77	0.40
豌豆（平均值）	88.0	22.6	15.0	5.9	55.1	2.9	0.13	0.39	0.12	1.61	0.56	0.39	0.85	0.18
黑豆（平均值）	88.0	36.1	14.5	6.7	26.4	4.3	0.24	0.48	0.14	2.81	0.92	1.49	1.69	0.43
十、油饼类														
豆饼（机榨，平均值）	90.6	43.0	5.4	5.7	30.6	5.9	0.32	0.50	0.15	2.45	1.08	1.74	1.97	0.60
豆粕（浸提，平均值）	92.4	47.2	1.1	5.4	32.6	6.1	0.32	0.62	0.19	2.54	1.06	1.85	2.15	0.65

（续）

项目 / 饲料	化学成分（%）									氨基酸（%）				
	干物质	粗蛋白质	粗脂肪	粗纤维	无氮浸出物	粗灰分	钙	总磷	有效磷	赖氨酸	蛋氨酸＋胱氨酸	苏氨酸	异亮氨酸	色氨酸
黑豆饼（机榨）	88.0	39.8	4.9	6.9	29.7	6.7	0.42	0.48	0.14	2.33	1.06	1.79	1.85	0.47
豆饼（北京）	91.1	44.7	4.6	5.9	30.2	5.6	0.28	0.61	0.18	2.54	1.03	1.70	1.97	—
菜子饼（机榨，平均值）	92.2	36.4	7.8	10.7	29.3	8.0	0.73	0.95	0.29	1.23	1.22	1.52	1.36	0.45
菜子粕（浸提，平均值）	91.2	38.5	1.4	11.8	32.8	8.7	0.79	0.96	0.29	1.35	1.46	1.64	1.45	0.51
棉仁饼（机榨，带部分壳）	92.2	33.8	6.0	15.1	31.2	6.1	0.31	0.64	0.19	1.29	0.74	1.15	1.00	0.35
棉仁粕（浸提）	91.0	41.4	0.9	12.9	29.4	6.4	0.36	1.02	0.31	1.39	0.87	1.29	1.20	0.50
棉子饼（土榨）	93.8	21.7	6.8	23.6	37.3	4.4	0.26	0.55	0.17	0.93	0.51	0.69	0.74	—
花生仁饼（机榨，平均值）	90.0	43.9	6.6	5.3	29.1	5.1	0.25	0.52	0.16	1.35	1.02	1.23	1.34	0.30
花生饼（广东，平均值）	89.9	46.4	6.6	5.8	25.7	5.4	0.24	0.52	0.16	2.30	0.94	1.50	2.00	0.50
花生饼	87.6	30.2	8.5	4.3	41.6	3.0	0.22	0.41	1.20	0.62	1.20	0.88	1.10	—
胡麻仁粕（浸提，平均值）	89.0	36.2	1.1	9.2	35.7	6.8	0.58	0.77	0.23	1.20	1.00	1.29	1.27	0.48
胡麻仁饼（机榨，平均值）	92.0	33.1	7.5	9.8	34.0	7.6	0.58	0.77	0.23	1.18	0.75	1.20	1.25	0.40
米糠饼（浸提）	89.9	14.9	1.6	12.0	52.0	9.4	0.14	1.02	0.33	0.54	0.92	0.63	0.56	—
米糠饼（平均值）	90.7	15.2	7.3	8.9	49.3	10.0	0.12	1.49	0.45	0.63	0.45	0.56	0.55	0.17
芝麻饼（机榨，平均值）	92.0	39.2	10.3	7.2	24.9	10.4	2.24	1.19	0.36	0.93	1.31	1.32	1.42	0.40
向日葵仁粕（有壳，浸提）	92.5	32.1	1.2	22.8	30.5	5.9	0.41	0.84	0.25	1.17	1.36	1.50	1.74	0.60
向日葵仁饼（有壳，压榨）	93.8	28.7	8.6	19.8	32.1	4.6	0.41	0.81	0.24	1.13	1.16	1.22	1.13	0.53
向日葵仁粕（去壳，浸提）	92.6	46.1	2.4	11.8	25.5	6.8	0.53	0.53	0.16	1.70	2.20	1.50	2.10	—
向日葵粕（带壳）	92.0	17.4	1.6	39.6	28.8	4.6	0.45	0.48	0.14	1.17	—	1.24	1.74	—

（续）

项目 饲料	化学成分（%）									氨基酸（%）				
	干物质	粗蛋白质	粗脂肪	粗纤维	无氮浸出物	粗灰分	钙	总磷	有效磷	赖氨酸	蛋氨酸+胱氨酸	苏氨酸	异亮氨酸	色氨酸
玉米胚芽饼（机榨，平均值）	90.0	16.8	8.7	5.7	54.4	4.4	0.03	0.85	0.25	0.69	0.57	0.62	0.49	0.17
十一、糟渣类														
豆腐渣（平均值）	10.0	2.8	1.2	1.7	3.9	0.4	0.05	0.03	0.01	0.19	0.09	0.13	0.14	0.04
粉渣（绿豆）	14.0	2.1	2.1	2.8	8.7	0.3	0.06	0.03	0.01	—	—	—	—	—
粉渣（甘薯）	15.0	0.3	0.3	0.8	13.3	0.3	—	—	—	—	—	—	—	—
粉渣（豌豆）	15.0	3.5	1.5	2.7	4.1	3.2	0.13	—	—	0.18	0.08	0.12	0.12	—
粉渣（蚕豆）	15.0	2.6	0.1	4.7	7.3	0.3	0.07	0.01	微	0.08	0.06	0.06	0.05	0.15
粉渣（平均值）	15.0	2.2	0.1	4.8	7.5	0.4	0.07	0.03	0.01	—	—	—	—	—
粉渣（玉米）	15.0	1.8	0.7	1.4	10.7	0.4	0.02	0.02	—	0.03	0.07	0.04	0.04	0.10
酱渣	24.3	17.4	4.5	3.3	7.9	1.5	0.11	0.30	0.01	0.14	0.11	0.27	0.19	0.08
酒糟	35.0	5.7	1.7	5.9	13.0	8.7	—	—	—	—	—	—	—	—
啤酒糟	13.6	3.6	0.6	2.3	6.3	0.8	0.06	0.08	0.02	0.16	0.26	0.18	0.19	0.5
甜菜渣（平均值）	12.0	1.2	0.1	2.4	7.5	0.8	0.06	0.01	微	0.05	微	0.04	微	0.01
饴糖渣	22.9	7.6	3.1	2.1	9.0	1.1	0.10	0.16	0.05	0.22	0.43	0.25	0.27	0.11
十二、动物性饲料														

（续）

项目 饲料	化学成分（%）									氨基酸（%）				
	干物质	粗蛋白质	粗脂肪	粗纤维	无氮浸出物	粗灰分	钙	总磷	有效磷	赖氨酸	蛋氨酸+胱氨酸	苏氨酸	异亮氨酸	色氨酸
鱼粉（等外）	91.2	38.6	4.6	—	—	27.3	6.13	1.03	1.03	2.12	1.30	1.75	1.82	0.60
鱼粉（国产）	89.5	55.1	9.3	—	—	18.9	4.59	2.15	2.15	3.64	1.91	2.22	2.23	0.70
鱼粉（进口）	89.0	62.0	9.7	—	—	14.4	3.91	2.90	2.90	4.35	2.21	2.88	2.42	0.80
肉骨粉	94.0	53.4	9.9	—	—	28.0	9.20	4.70	4.70	2.60	1.10	1.94	1.70	0.26
蚕蛹（全脂）	91.0	53.9	22.3	—	—	2.9	0.25	0.58	0.58	3.66	2.74	2.41	2.37	1.25
蚕蛹（脱脂）	89.3	64.8	3.9	—	—	4.7	0.19	0.75	0.75	4.85	3.58	3.14	3.39	1.50
血粉（北京）	89.3	80.2	1.4	—	—	4.4	0.30	0.23	0.23	6.25	1.89	2.80	0.74	—
蚯蚓（大平2号）	96.8	50.7	2.9	—	—	23.4	—	—	—	3.00	0.59	2.18	2.01	—
蚯蚓(大平2号去泥)	91.7	53.9	4.1	—	—	99.0	—	—	—	3.59	1.99	2.53	2.51	—
十三、矿物质饲料														
贝壳粉	—	—	—	—	—	—	32.60	—	—	—	—	—	—	—
蛋壳粉	—	—	—	—	—	—	37.60	0.15	0.15	—	—	—	—	—
骨粉	—	—	—	—	—	—	30.12	13.46	13.46	—	—	—	—	—
磷酸钙	—	—	—	—	—	—	27.91	14.38	14.38	—	—	—	—	—
磷酸氢钙	—	—	—	—	—	—	23.10	18.70	18.70	—	—	—	—	—
石粉	—	—	—	—	—	—	35.00	—	—	—	—	—	—	—
碳酸钙	—	—	—	—	—	—	40.00	—	—	—	—	—	—	—

主要参考文献

陈开松，杨东明等编著．1986. 养兔新说［M］．上海：上海科学技术文献出版社．
程济栋主编．1993. 养兔全书［M］．成都：四川科学技术出版社．
杜玉川主编．1991. 实用养兔大全［M］．北京：农业出版社．
王舜、杨玉堂编著．2000. 肉兔生产实用技术［M］．北京：中国农业科技出版社．
徐汉涛编著．1990. 高效益养兔法［M］．2 版．北京：农业出版社．
张家口农业专科学校主编．1979. 养兔学［M］．北京：农业出版社．
郑军，陶岳荣等编著．1989. 养兔技术指导［M］．北京：金盾出版社．

图书在版编目（CIP）数据

肉兔快速饲养与疾病防治/李美玉等编著．—2版
—北京：中国农业出版社，2011.7
ISBN 978-7-109-15711-8

Ⅰ.①肉…　Ⅱ.①李…　Ⅲ.①肉用兔—饲养管理②兔病—防治　Ⅳ.①S829.1

中国版本图书馆CIP数据核字（2011）第100057号

中国农业出版社出版
（北京市朝阳区农展馆北路2号）
（邮政编码 100125）
责任编辑　何致莹　黄向阳

北京中科印刷有限公司印刷　　新华书店北京发行所发行
2011年8月第2版　　2011年8月第2版北京第1次印刷

开本：850mm×1168mm　1/32　　印张：8
字数：268千字　　印数：1~8 000册
定价：18.00元